职业技能鉴定教材

计算机速记师国际专业认证

汉字录入技能训练

——中文看打及听打输入（第 2 版）

戴建耘 编著

电子工业出版社

Publishing House of Electronics Industry

北京·BEIJING

内 容 简 介

本书是思递波（Certiport）认证系列——Typing Credential 计算机速记师国际认证的配套教材。
内容包括：

● 五笔、二笔、搜狗等主流输入法的介绍与教学
● 中文输入综合练习
● 中文看打输入练习与测验试题
● 中文听打练习流程介绍与教学
● Typing Credential 计算机速记师国际认证简介

电子资料包内容：

● 中文看打国际认证练习文档 10 篇
● 中文看打国际认证练习版（客户端）
● 中文听打素材文件

电子资料包请登录华信教育资源网（http://www.hxedu.com.cn）免费注册后进行下载。

图书在版编目（CIP）数据

汉字录入技能训练：中文看打及听打输入 / 戴建耘编著.—2 版. —北京：电子工业出版社，2011.8
职业技能鉴定教材
ISBN 978-7-121-14090-7

Ⅰ. ①汉… Ⅱ. ①戴… Ⅲ. ①汉字信息处理—职业技能—鉴定—教材 Ⅳ. ①TP391.12

中国版本图书馆 CIP 数据核字（2011）第 136843 号

策划编辑：关雅莉
责任编辑：刘真平
印　　刷：北京七彩京通数码快印有限公司
装　　订：北京七彩京通数码快印有限公司
出版发行：电子工业出版社
　　　　　北京市海淀区万寿路 173 信箱　邮编　100036
开　　本：787×1 092　1/16　印张：8.5　字数：217.6 千字
版　　次：2005 年 12 月第 1 版
　　　　　2011 年 8 月第 2 版
印　　次：2021 年 6 月第 13 次印刷
定　　价：32.00 元

凡所购买电子工业出版社图书有缺损问题，请向购买书店调换。若书店售缺，请与本社发行部联系，联系及邮购电话：（010）88254888，88258888。

质量投诉请发邮件至 zlts@phei.com.cn，盗版侵权举报请发邮件至 dbqq@phei.com.cn。

本书咨询联系方式：（010）88254617，luomn@phei.com.cn。

前　言

　　信息化是当今世界经济和社会发展的趋势，以计算机应用为代表的信息技术已经成为拓展人类能力不可缺少的工具，具有越来越重要的地位。为顺应全球信息科技快速发展的趋势，促进企业跟世界水平的办公效率接轨，帮助企业员工提高工作效率，提高企业生产力和竞争力，思递波中国（Certiport China）特别推出了具有客观性、权威性的计算机看打与听打能力认证——Typing Credential 计算机速记师国际认证。

　　熟悉计算机中英文打字，是学习计算机操作的先决条件之一。本书以丰富的图文和简单易懂的图表，循序渐进地介绍了当前流行的五笔字型、二笔字型、搜狗拼音等中文输入法，辅助读者能够迅速提升中文输入的速度。同时，我们也特别聘请专家学者研发窗口版中文看打输入测验及听打测验系列软件，书中附有中文模拟试题文档供读者练习。读者也可参考所附练习文档的格式，自行建立文本文档来加强中文看打输入与听打输入的能力。

　　本书配有电子资料包，内容包括中文看打国际认证练习文档 10 篇，中文看打国际认证练习版（客户端）及中文听打素材文件，可登录华信教育资源网（http://www.hxedu.com.cn）免费注册后进行下载。

　　思递波中国（Certiport China）自 2005 年起，每年会举办中、高等院校中文、英文录入技能竞赛。赛事为参赛者提供交流竞技的平台，为提升学生录入能力奠定基础。

　　我们希望藉由本书，能够使读者奠定良好的中文输入能力，习得一技之长，并能通过"Typing Credential 计算机速记师国际认证"的考试，顺利取得证书。

　　本系列教材的顺利编著，是 Certiport China（思递波中国）与海峡两岸及美国华人专家通力协作的成果。由于编写任务急，书中难免有不足之处，敬请读者批评指正。

编　　者

2011 年 6 月于思递波

全球性考试中心——Certiport 简介

- Certiport 成立于 1997 年，是在美国注册的针对全球市场的计算机认证机构。并列全球三大 IT 测验与教学中心之一。
- Certiport China（思递波）成立于 2004 年，致力于为中华民族在进入 WTO 后与世界接轨提供国际权威计算机技能认证的优质管道和学术交流平台。
- Certiport 是全球考试认证服务中心。全球已超过 15 000 个考试中心。2010 年全球已有 800 多万人成功荣获认证。
- Certiport 是 Microsoft（微软）唯一授权办理全球办公软件实际应用的认证单位。
- Certiport 开发的完全实做化的考试引擎具有世界领先水平。
- Certiport 的认证（MOS, IC3）被美国大学所认可，可抵免美国大学相关课程学分，了解详情可登录 http://www.acenet.edu/programs/ccrs/adult_learners。

认证介绍：

Typing Credential

21 世纪全社会计算机普及教育已经进入第三个高潮，数以亿计的学校、科技界、知识界和在职人员每天都会接触程序设计、文字处理、办公软件及网络、信息技术方面的工作和学习。随着政府的电子政务、企业的电子商务及自动化办公、无纸化办公的广泛推广，作为计算机核心能力之一的计算机录入能力将直接影响政府、企事业的办公效率。以"能力本位"为原则，以计算机基础核心能力培养为教学重点，培育具有综合职业能力、高素质的应用型、技能型人才已成为学校培养高素质人才的重要任务；同时，这也是企业最需要的实用型、高素质人才。

Typing Credential 邀请国际与国内企业、教育专家共同研发，推出中文看打、英文看打、中文听打、英文听打四项权威、客观的计算机录入国际专业认证。此项证书结合社会职业需要，又与国际权威标准相适应，被视为重要的计算机核心能力评估指标及工具。Typing Credential 认证已经成为各大企业培训、评估鉴定的国际标准，并成为各大高等院校学生证明自己职业能力，敲开企业大门的金钥匙！

Microsoft® Office Specialist

「微软办公软件国际认证」——Microsoft® Office Specialist，本认证的目的是协助企业、政府机构、学校、主管、员工与个人确认对于 Microsoft® Office 各软件应用知识与技能的专业程度，包括如 Word、Excel、PowerPoint、Access 及 Outlook 等软件的具体实践应用能力。在国外许多实例已证实，经由参与 MOS 认证的教育训练与考试测验，证明他们透过「微软办公软件国际认证」——Microsoft® Office Specialist 彻底了解、运用 Microsoft® Office 办公室应用软件的功能性，能增进他们的生产力，进而达到提升企业与个人的竞争力及生产力的目的。

IC3

此国际计算机使用执照证书已获全球超过 128 个国家及国际机构等组织的采认支持，包括计算机基础、常用软件、网络安全三个科目。IC3 确保每位计算机用户获得认可的信息应用能力及基本知识，从而具有立足于信息社会的能力。

全球标准国际认证，美国 1 800 多所大学对通过 IC3 认证考试的学生打开方便之门，通过该认证考试的学生可以在世界任何一地来申请免修美国大学的部分学分。

企业人才技能认证证照是互相采认凭证准则之一。

iCriticalThinking

作为全球最大的计算机教育认证企业，Certiport 与美国教育考试服务中心 ETS（托业、托福考试创造者）合作开发 iCritical Thinking "信息决策思考力国际认证"。在考察信息技能应用水平的同时，综合检验逻辑思考、信息决策、批判思维、图像思维等能力。

Microsoft Technology Associate

微软专业应用技术国际认证是为有志成为 IT 技术研发人员所开发的专业核心能力认证。共分为三大模块七个科目：服务器管理工程师核心能力。网络管理与应用工程师核心能力；网络安全管理师核心能力；软件研发工程师核心能力，窗口研发工程师核心能力，网站研发工程师核心能力；数据库管理师核心能力。

目　　录

PART 1

认证简介篇

全球测验认证中心 Certiport（思递波）为顺应全球信息科技快速发展趋势，促进企业跟世界水平的办公效率接轨，帮助企业员工提高自身工作效率——从而提高企业竞争力和生产力，特别推出了享誉全球，具有客观性、权威性的计算机看打与听打专业能力认证——Typing Credential™ 计算机速记师国际认证。

1-1　Typing Credential™ 计算机速记师简介

1-2　Typing Credential™ 测验规则概要

1-1 Typing Credential^{TM}计算机速记师简介

（本数据引自「计算机速记师（听打与看打专业能力测验）国际认证简章」。若有变动，请参考全球测验认证中心 Certiport 中文官方网站 www.certiport.com.cn，或至各地区相关授权认证单位查询。）

1-1-1 宗旨

全球测验认证中心 Certiport（思递波）为顺应全球信息科技快速发展趋势，促进企业跟世界水平的办公效率接轨，帮助企业员工提高自身工作效率——从而提高企业竞争力和生产力，特别推出了享誉全球，具有客观性、权威性的计算机看打与听打专业能力认证。Typing Credential^{TM}计算机速记师国际认证将成为升学推荐、求职、在职及自我能力肯定的重要依据之一。

1-1-2 报考资格

在校学生及社会人士均可报名。

1-1-3 报名日期

即日起受理报名，可到各地区 Certiport（思递波）授权考试中心或代理商处报名考试。

1-1-4 考试日期

根据各授权考试中心时间安排。

1-1-5 报名方式

1. 亲自报名

（1）全球测验认证中心 Certiport（思递波）。
地址：上海市普陀区曹杨路 710 弄 30 号 1102 室
　　　Room 1102, No.30, Lane 710 Cao Yang Road, PuTuo District, Shanghai, China.
电话：(021)6213-9828　传真：(021) 5271-1315
地址：北京市朝阳区东四环中路 39 号 B 座 911 室
　　　Room 911, Tower B, No.39, Mid Road of 4th East Ring, Chaoyang District, Beijing, China.
电话：(010)8571-1892　传真：(010)8571-1276
（2）全球测验认证中心所属全国各协办会员单位。

2．邮寄报名

（1）邮寄报名报考者，应将报名资料连同身份证复印件（学生报名一律附学生证复印件）、1 寸免冠照片 2 张、报名费等，于截止报名日期前（以邮戳为准）一并挂号邮寄至上海市普陀区曹杨路 710 弄 30 号 1102 室，邮编：200063；或邮寄至北京市朝阳区东四环中路 39 号 B 座 911 室，邮编：100025。逾期恕不受理。

（2）参加邮寄报名者，考生应自行检查数据是否齐全，数据不全者，本中心恕不受理；亦不退件。

（3）报名经受理后，报名表及报名费概不退还。

1-1-6　报名手续

1．填写报名表

须本人亲自报名填写（学生须出具学生证），字迹工整，不得潦草。

2．提供照片

1 寸免冠照片 2 张，背面书写姓名、出生年月日及报考科目。

3．审核

由承办单位及经手人当面审核相关资料。

4．缴纳报名费（学生需附学生证证明）

项　　目	中 文 输 入	英 文 输 入	听 打 输 入
学　　生			
一般人士			

5．领取准考证

准考证由本测验中心统一发放，准考证上的照片栏须盖本中心技能检定考试专用章，连接线处应加盖骑缝章。

6．安排考试

承办单位接受报名后，依报名顺序安排考场与考试时间。

1-1-7　考试地点

（1）考生可选择本中心就近认证考场。

（2）学校团体考试时间、地点另定。

1-1-8 测验标准

（测验分为中、英文看打及中文听打测验，均有两次考试机会。）

1. 中文看打：分为一般级、专业级、专家级、大师级 4 个级别

（1）大师级：以每分钟输入 210 字（含）以上者为合格。
（2）专家级：以每分钟输入 150 字（含）以上者为合格。
（3）专业级：以每分钟输入 90 字（含）以上者为合格。
（4）一般级：以每分钟输入 45 字（含）以上者为合格。

2. 英文看打：分为一般级、专业级、专家级、大师级 4 个级别

（1）大师级：以每分钟输入 160 字（含）以上者为合格。
（2）专家级：以每分钟输入 110 字（含）以上者为合格。
（3）专业级：以每分钟输入 65 字（含）以上者为合格。
（4）一般级：以每分钟输入 35 字（含）以上者为合格。

3. 中文听打：分为一般级、专业级、专家级、大师级 4 个级别

（1）大师级：以每分钟输入 170 字（含）以上者为合格。
（2）专家级：以每分钟输入 120 字（含）以上者为合格。
（3）专业级：以每分钟输入 70 字（含）以上者为合格。
（4）一般级：以每分钟输入 40 字（含）以上者为合格。

1-1-9 考试评分规则

1. 中文看打输入

（1）输入正确一字，得 1 分。每行有错字、漏字、多打字的，倒扣 3 分。
（2）考试结束后，总正确输入字扣除倒扣分数后与考试时间数（以分钟为单位）的比值（速度），即为成绩。
（3）取两次考试中分数最高者为考试成绩。
（4）错误字数除以总字数，计算错误率超过 10%（含）者，以零分计算。

2. 中文听打输入

（1）输入正确一字，得 1 分。每行有错字、漏字、多打字的，倒扣 0.5 分。
（2）考试结束后，总正确输入字扣除倒扣分数后与考试时间数（以分钟为单位）的比值（速度），即为成绩。
（3）取两次考试中分数最高者为考试成绩。

3. 英文输入

（1）误打、多打、重打、漏打或与试卷上的原稿有任何不符之处，均视为错误一次计算

（一字最多只计一次错误），标点和空格均视为前一字的一部分。

（2）罚则：每错误一次扣总击数五十击。

（3）成绩计算：（总击数−错字×50）/5/时间=每分钟净打字数。

（4）取两次测验中分数较高者为测验成绩。

1-1-10　考场规则

（1）考生须于规定考试时间携带准考证入场，并将准考证置于桌上。准考证未带或遗失者，不得参加考试。

（2）考生在考试过程中，若发现计算机出现问题无法作答，应立即举手请监考人员处理。

（3）考试当天因特殊事故无法参加考试者，应提出有效证明；若无法提出证明，视同放弃考试，不得要求退费；并应于考试开始前三天向承办单位提出申请。延期考试者以一次为限，统一办理集中考试，时间另行通知。

1-1-11　成绩复查

（1）参加考试人员对评定成绩如有异议，应于收到成绩单 15 日内，以书面形式向本中心提出复查，逾期恕不受理，且以一次为限。申请时须附工本费 50 元及贴足挂号邮资的回邮信封，并注明准考证号码，寄至本中心。

（2）补发证书的申请与工本费的收取同上。

1-1-12　其他

（1）欲购报名数据袋及参考书籍或光盘者，可与本中心联系。

（2）考试当天如遇不可抗拒的自然灾害，导致考试无法正常举行时，均依政府公告办理。本办法如有变更，悉依本中心规章办理。

（3）本简章的内容如有更新，以全球认证中心 Certiport 最新公布的资料为准，恕不另行通知。

1-2 Typing Credential™ 测验规则概要

（1）参加考试人员应于考试时间前 10 分钟到场签名，并携带「准考证」或「身份证/学生证」，以便查证。

（2）未带「准考证」或「身份证/学生证」者，不得参加考试；考试开始 10 分钟后，尚未入场者，视做弃权。

（3）参加考试人员进入考场，对号入座；不得喧哗，并将「准考证」或「身份证/学生证」置于桌角，以便查对。

（4）本考试中，其实际考试时间为 10 分钟，时间一到，计算机自动控制储存，共有两次考试机会。

（5）考试流程：

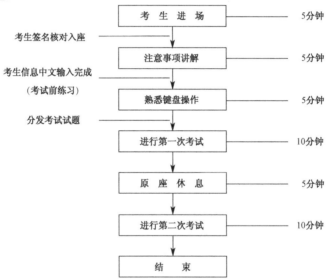

（6）未经监考人员同意，不得离场；若擅自离场，以弃权论。

（7）考试时间的「开始」及「停止」，均以主考官的口令为准，违规者即取消考试资格。

（8）测验中途如遇计算机故障，应立即举手请监考人员处理。

（9）考试结束后，依监考人员指示，将中文系统片及考试磁盘交回；并按指示，依序离开测验教室。

（10）证书发放：凡经测验合格者均由全球测验认证中心 Certiport（思递波）发放 Typing Credential™ 计算机速记师国际证书，并记载实得成绩。

PART 2

中文看打教学篇

2

本篇包含五笔字型输入法、搜狗拼音输入法等教学单元，以及最新看打&听打测验系统 2.97 版，并教您如何安装操作，读者可参照所附的试题练习。

※因本书篇幅关系，仅附部分试题，若要完整题库内容，请安装电子资料包中的中文看打测验系统，并在安装目录下打开文件夹\中文看打测验系统 V2.9*S（试题档名：T*.txt，共 10 题），读者可以自行以记事本打开和打印试题。

2-1 常用校对符号

校对符号是用来标明文稿中的某种错误的记号，是编辑、排版、校对人员使用的一种语言。排版人员一看到某种符号，就知道是何种错误，执行相应处理。这对节约时间和提高工作效率，大有帮助。表 2-1 列出了常用校对符号的种类、式样及用法等。

表 2-1 常用校对符号一览表

符号形态/作用		标示范例	修改后结果
	改正	当我同在一起 们	当我们同在一起
	另起新段落	你好！请等一下！	你好！ 请等一下！
	删除	当我们同在一起	当我们在一起
	分开	Good Morning	Good Morning
	移动字符到指定位置	当我们在一起， 大家同都很开心！	当我们同在一起， 大家都很开心！
	左右交换（相邻字词）	当我们右同一起	当我们同在一起
	左右交换（隔开的字词）	当同在一起我们	当我们同在一起
	插入字	当我们在一起	当我们同在一起
	代替字	当我们同在一起 ○＝同	当我们在一起
	取消已标示的修改符号 （保持原状不修改）	当我们同在一起	当我们同在一起
	设定上标效果	商标 TM	商标 ™
	设定下标效果	H_2O_2	H_2O_2
	向左移动	请移动这行文字	请移动这行文字
	向右移动	请移动这行文字	请移动这行文字
	向上移动	编号 01	编号 01
	向下移动	编号 01	编号 01
	加大空距	你好！ 请等一下！	你好！ 请等一下！
	减小空距	你好！ 请等一下！	你好！ 请等一下！
	空 1 字距 空 1/2 字距 空 1/3 字距 空 1/4 字距	当我们同在一起	当 我们同在一起
	接排	你好！ 请等一下！	你好！请等一下！
	将文字转正	当我们同在一起	当我们同在一起
	排列整齐	当我们 同在一起	当我们 同在一起
	正图		
	说明	当我们同在一起 改黑体	当我们同在一起

2-2 输入法的各种设定

2-2-1 安装输入法（**Windows XP** 操作系统）

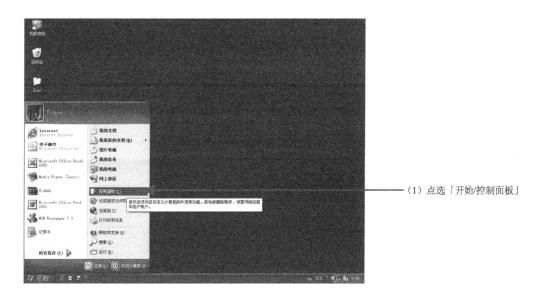

（1）点选「开始/控制面板」

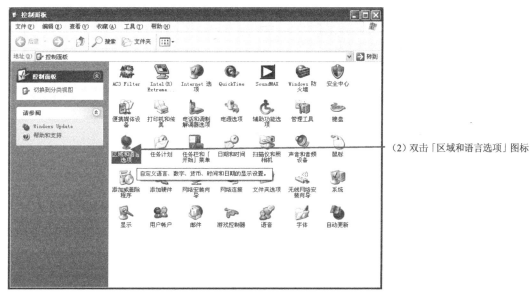

（2）双击「区域和语言选项」图标

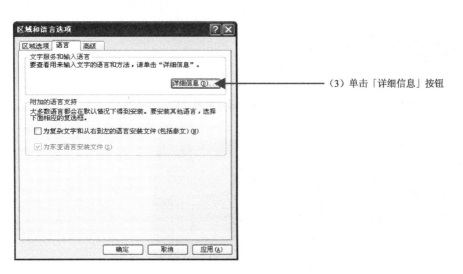

（3）单击「详细信息」按钮

（4）单击「添加」按钮

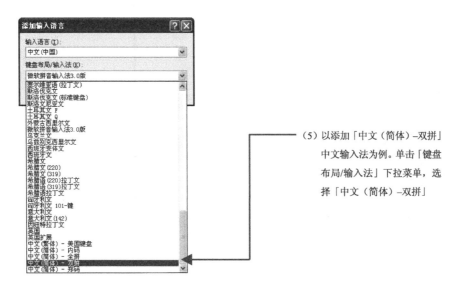

（5）以添加「中文（简体）–双拼」
中文输入法为例。单击「键盘
布局/输入法」下拉菜单，选
择「中文（简体）–双拼」

简体版中文操作系统中，已经为我们预先安装了几种常用的中文输入法，如「智能 ABC 输入法」、「全拼输入法」，足以应付日常的工作需要。对于专业录入人员，可以自行购买或者网络下载安装需要的输入法，以提高工作效率，如「五笔字型输入法」、「搜狗拼音输入法」等。

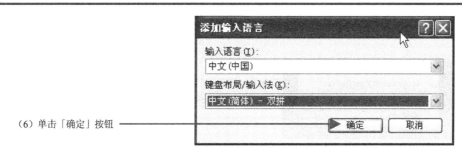

（6）单击「确定」按钮

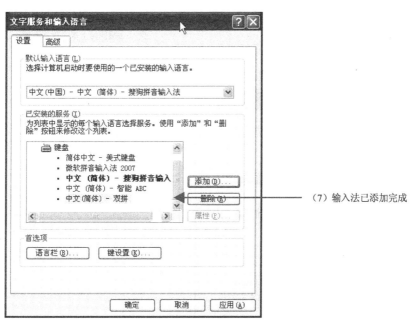

（7）输入法已添加完成

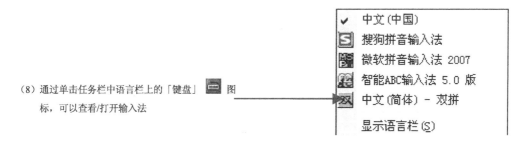

（8）通过单击任务栏中语言栏上的「键盘」 图标，可以查看/打开输入法

2-2-2 使用快捷键切换输入法

使用快捷键切换输入法是个相当实用的功能，尤其是在打字的时候，如果一边打字，一边用鼠标选择输入法，打字的速度自然就会慢下来。

1. 设定快捷键

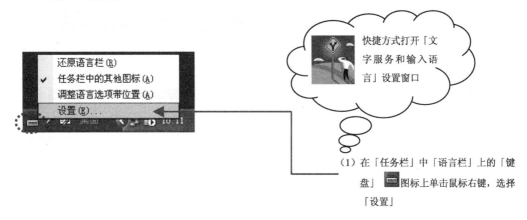

快捷方式打开「文字服务和输入语言」设置窗口

（1）在「任务栏」中「语言栏」上的「键盘」 图标上单击鼠标右键，选择「设置」

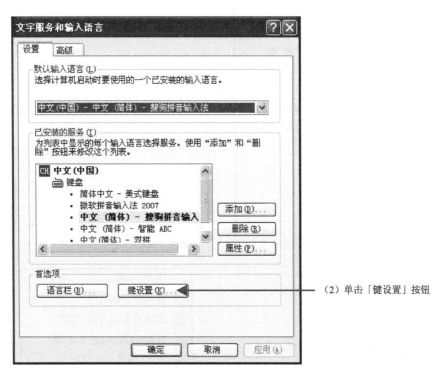

（2）单击「键设置」按钮

12

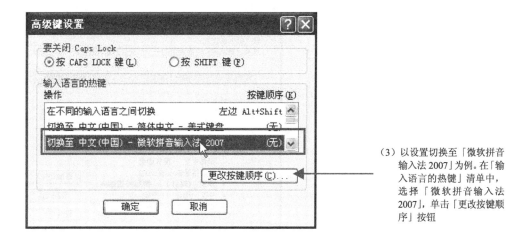

（3）以设置切换至「微软拼音输入法 2007」为例。在「输入语言的热键」清单中，选择「微软拼音输入法 2007」，单击「更改按键顺序」按钮

（4）设置切换至「微软拼音输入法 2007」，按键顺序为：「Ctrl+Shift+1」

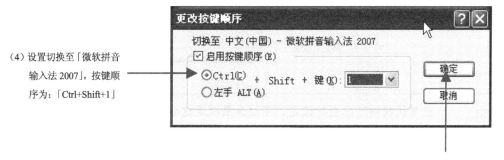

（5）单击「确定」按钮

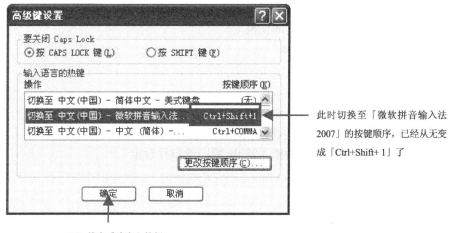

此时切换至「微软拼音输入法 2007」的按键顺序，已经从无变成「Ctrl+Shift+1」了

（6）单击「确定」按钮

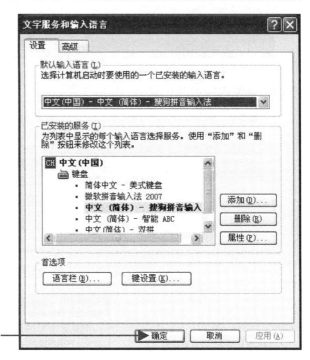

(7) 单击「确定」按钮

　　虽然快捷键可以自行设定，不过如果改变这些快捷键的预设值，则在将来使用其他计算机时，就可能会无法习惯其他的快捷键。

2. 几组常用的快捷键

Ctrl+Shift：　　在不同的输入语言之间切换
Ctrl+Space：　　输入法/非输入法切换
Shift+Space：　全/半角切换
Ctrl+。：　　　中/英文标点切换
Shift+Alt+1：　切换到微软拼音输入法 2007，请自行设定
Shift+Alt+2：　切换到智能 ABC 输入法，请自行设定
Shift+Alt+3：　切换到王码五笔字型输入法 98 版，请自行设定

2-2-3　英文字的全角与半角

全角指一个字符占用两个标准字符位置，半角指一个字符占用一个标准字符位置。

由于中文字和英文字的大小不一样，一个中文字等于两个英文字的大小，将英文字与数字用「全角」字呈现，可以使整份文档看起来更整齐。

使用「Shift+Space」可切换「全角/半角」，也可单击输入法状态条中的「全角/半角」按

钮进行状态切换。当转换按钮图标为![]时，表示当前为半角状态；当图标为![]时，表示当前为全角状态。

请打开「记事本」，并切换至任一中文输入状态，以比较「全角/半角」字的不同。

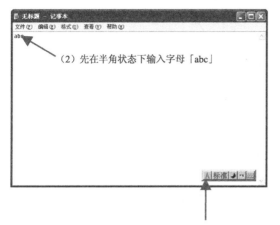

（2）先在半角状态下输入字母「abc」

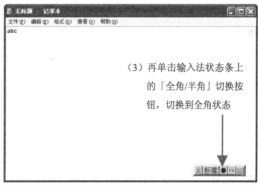

（3）再单击输入法状态条上的「全角/半角」切换按钮，切换到全角状态

（1）单击输入法状态条上的中文输入法按钮，会变成「A」字母按钮

 一般数字及字母的标准输入状态是半角状态，如果需要将数字或字母的距离增大，则可以使用全角状态。全角字只有在中文输入法状态下才能输入。

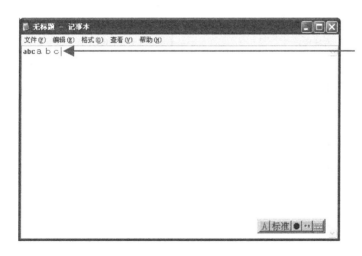

（4）同样输入字母「abc」，看出全角和半角的不同了吗？

2-2-4 输入标点符号

如何输入「标点符号」是初学中文打字者最常碰到的问题。下面介绍两种常用的标点符号输入方法。

标点符号同样分中/英文标点符号，通过单击输入法状态条上的标点符号切换按钮完成切换。中文标点符号的状态图标为 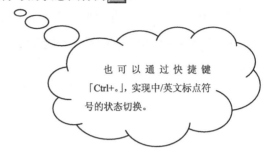，英文标点符号的状态图标为 。

> 也可以通过快捷键「Ctrl+。」，实现中/英文标点符号的状态切换。

1. 键盘输入

键盘输入指通过直接单击键盘上的标有「标点符号」的按钮输入标点符号。例如，输入「句号」，可按键盘上的「。」键。中文标点符号及其对应的键位如表2-2所示。

表2-2　中文标点符号及其对应的键位

中文标点符号	键　位	中文标点符号	键　位	中文标点符号	键　位
句号。	.	问号?	?	省略号……	^
逗号，	,	双引号""	"	加号+	+
分号;	;	单引号' '	'	减号—	-
冒号:	:	书名号《》	◇	乘号×	*
顿号、	/	左括号（	(	除号÷	\
感叹号!	!	右括号）	)	小（大）于号◇	◇

> 键盘上可能一个按键上有两个标点符号上下排列。此时可通过「Shift」键配合，完成同一按键上不同标点符号的输入。例如，输入「'」，在中文输入状态下单击 键；输入「"」，在中文输入状态下按 Shift+ 键。

2. 软键盘输入

我们也可以开启中文输入法的软键盘，以便轻松地输入标点符号和特殊符号。

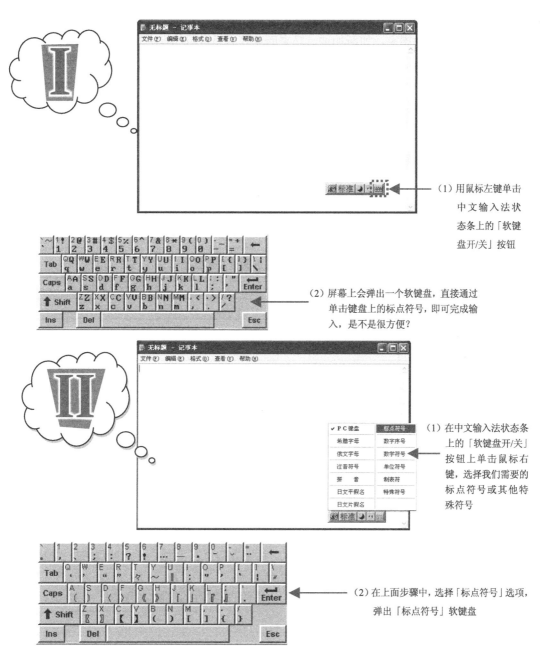

（1）用鼠标左键单击中文输入法状态条上的「软键盘开/关」按钮

（2）屏幕上会弹出一个软键盘，直接通过单击键盘上的标点符号，即可完成输入，是不是很方便？

（1）在中文输入法状态条上的「软键盘开/关」按钮上单击鼠标右键，选择我们需要的标点符号或其他特殊符号

（2）在上面步骤中，选择「标点符号」选项，弹出「标点符号」软键盘

2-3 五笔字型输入法

王永民教授在 1983 年发明了一种基于汉字字根的输入法——五笔字型输入法，通过敲击

键盘上字母键对应的汉字字根即可完成汉字的录入。五笔是五笔字型输入法的简称，它是目前中国及一些东南亚的国家，如新加坡、马来西亚等国最常用的汉字输入法之一，后来也衍生出多种其他五笔输入法，如极品、万能、搜狗、极点等。五笔字型输入法输入速度比较快，第一次使得计算机汉字的输入速度突破 100 字/分钟。美中不足的是，需要记忆复杂的字根编码及正确拆分汉字。人们常说的五笔 86 版、98 版、18030 版，被称为王码五笔输入法。王码可以说是五笔的正宗，好比天下武功出少林，少林正宗。本章将以 86 版为例进行说明。

2-3-1　汉字的基本笔画

汉字书写中，连续一次写成的一个线段称为笔画。笔画作为汉字的最基本单位，在五笔字型中共被划分为 5 大类，分别是横、竖、撇、捺、折。这 5 种基本笔画及其变形如表 2-3 所示。

表 2-3　汉字的 5 种基本笔画及其变形

名　称	笔画的走向	笔画及其变形
横	从左到右	一
竖	从上到下	丨
撇	从右上到左下	丿
捺	从左上到右下	、
折	带转折的笔画	乙

其他笔画与 5 种基本笔画的关系如下。

- 提「丿」　提的笔画特点与"横"基本一致，运笔方向从左向右，被归纳在"横"中。例如："折、场"的第三笔，"特、牺、物"的第四笔。
- 竖左勾「亅」　笔画特点与"竖"基本一致，运笔方向从上到下，被归纳在"竖"中。例如："折、提、拔"的第二笔。
- 撇　撇的运笔特点从右上到左下。例如："我、和、你"的第一笔。
- 点「、」　笔画特点与"捺"基本一致，运笔方向从左上到右下，被归纳在"捺"中。例如："扑、照、大"的最后一笔。
- 折　除了"竖左勾"外，"折"包括了所有的带转折的笔画。例如："也、卖、九、飞"等字中，都有"折"。

> 字根是五笔字型拆字的基础，而笔画则是一种非常有用的辅助编码形式。当一个汉字拆分不到 4 码时，通常要根据最后一笔的笔画（末笔字型识别码）来判断该汉字的编码。因此想要正确拆分汉字，掌握汉字笔画的基本类型及运笔方向是关键。

字根——多个汉字的基本
笔画（如横、竖、撇、捺、
折等）的组合。

2-3-2 汉字的字型

五笔字型输入法中，一个汉字被拆分为多个字根。根据汉字字根的排列位置，汉字可划分为 3 种类型：左右型、上下型及杂合型。这 3 种基本字型及其例字如表 2-4 所示。

表 2-4 3 种基本字型及其例字

字型		例字	特点	
			汉字组成部分	字根排列
左右型	双合字	打、伐、仁、壮、件	2	
	三合字	糊、湖、附、椰、撇	3	
		散、倩、纷、桂、抛	3	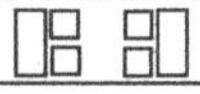
	四合字或多合字	滥、解、塌、惋、锲	≥4	
上下型	双合字	吕、杰、思、各、昌	2	
	三合字	京、茶、查、意、曾	3	
		薪、型、蠢、整、愁	3	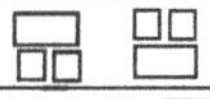
	四合字或多合字	翼、褒、襄、赢、慧	≥4	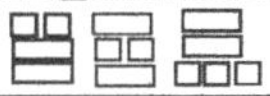
杂合型	单体字	井、几、卅、又、丁	基本字根	
	内外型字	医、床、图、间、历	内外2部分	

表 2-4 中仅列出了部分汉字字根的排列组合，已经可以非常直观地表现汉字字型的特点。汉字拆分时若遇到其他的组合方式可以参考此表原则。

在书写汉字时，应该按照如下规则：先左后右，先上后下，先横后竖，先撇后捺，先内后外，先中间后两边，先进门后关门等。

一些特殊汉字的划分应遵循如表 2-5 所示的原则。

表2-5 一些特殊汉字划分的原则

原 则	例 字	字 型	说 明
能散不连	卡、矢、足、走、严	上下型	
散	讼、挂、铭、晶、听	左右型、上下型	汉字字根之间有一定距离，构成汉字的字根多于两个
连	土、灭、千、干	杂合型	汉字字根相连或者相交，由一个基本字根与单个笔画连接或交叉
带点结构	玉、犬、叉、太	杂合型	是"连"的一种特殊情况，由一个基本字根与孤立的点构成，一律视为"连"
带"走之底"	过、延、远、近	杂合型	

汉字是一种图形文字，相同的字根经过不同的排列组合，就会形成不同的汉字。例如："口"和"十"左右排列为"叶"，上下排列为"古"。字型是运用五笔字型输入法进行汉字输入的一个重要依据。

2-3-3 五笔字型的字根

字根是拆分汉字的五笔字型编码的最基本的单位。五笔字型的编码，吸收了汉字偏旁部首的特点，并根据出现频率的高低及组字能力的强弱，构成了现行的130个左右的基本字根。

1. 五笔字型的分区

86版五笔字型的所有130个字根根据其起笔笔画，划分成5个区，使用键盘上除了Z字母键以外的25个字母键，每个区包括5个字母键。五笔字型5个区键盘划分图如图2-1所示。

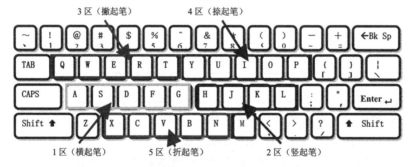

图2-1 五笔字型5个区键盘划分图

Z键的作用：用做学习键（或称万能键），当对字根不太熟悉或对某一汉字的拆分难以确定时，可用"Z"键来代替。

2. 各个字母键的区、位编号表

各个字母键的区、位编号表如表2-6所示。

20

表 2-6　各个字母键的区、位编号表

区　位	包括字母	区位编号	笔　画
1 区	G, F, D, S, A	11, 12, 13, 14, 15	横
2 区	H, J, K, L, M	21, 22, 23, 24, 25	竖
3 区	T, R, E, W, Q	31, 32, 33, 34, 35	撇
4 区	Y, U, I, O, P	41, 42, 43, 44, 45	捺
5 区	N, B, V, C, X	51, 52, 53, 54, 55	折

3．字根总表

所有 130 个基本字根分布在键盘上的 25 个字母键上，每个键位至少 3 个字根，多的则有十几个。为了便于记忆，五笔的发明者还编了下面这首字根歌，我们一起来看看吧。五笔字根表如图 2-2 所示。

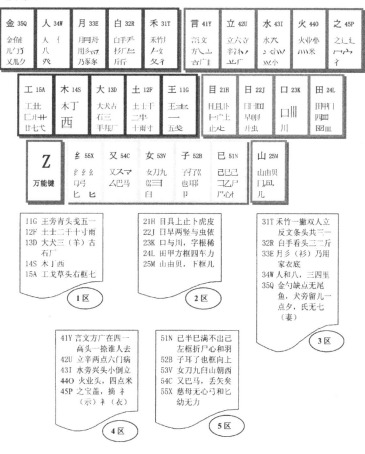

图 2-2　五笔字根表

> 五笔字型输入法，将汉字划分为 3 个基本部分：笔画、字根及整字。三者的关系是：整字由字根组成，字根由笔画组成。正确地按照字根来拆分汉字是利用五笔字型输入法进行汉字输入的前提。

2-3-4　五笔字型编码

1. 编码规则总表

五笔字型输入法一般连击四键完成一个汉字的输入，编码规则总表如图 2-3 所示。

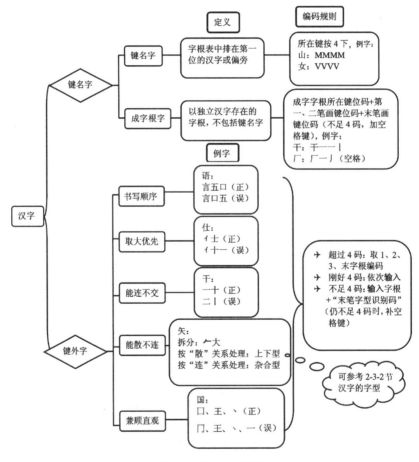

图 2-3　编码规则总表

2．单笔画

五笔字型输入法根据键盘上划分的 5 个区中的第一位键,规定了 5 种类型的单笔画——横、竖、撇、捺、折,分别为 G、H、T、Y、N 字母键。

输入方法：按两次笔画所在键+按两次 L 键。

一：GGLL

丨：HHLL

丿：TTLL

丶：YYLL

乙：NNLL

3．键名字

键名字,就是在字根表中排在第一位的汉字或偏旁。一个汉字可通过连续按 4 次按键输入,但键名字的输入有时要少于按 4 次按键。

键名字根据按按键次数分为：

按 1 次键：工（A）、人（W）

按 2 次键：大（D）、立（U）、水（I）、之（P）、子（B）

按 3 次键：王（G）、田（L）、山（M）、禾（T）、白（R）、月（E）、言（Y）、火（O）、女（V）、又（C）

按 4 次键：土（F）、木（S）、目（H）、日（J）、口（K）、金（Q）、己（N）、纟（X）

按按键后,再按空格键即可完成汉字的输入。

键名字口诀： 王土大木工,目日口田山,禾白月人金,

言立水火之,已子女又丝

4．成字字根表

成字字根为以独立汉字存在的字根,不包括键名字。

成字字根输入公式：键名代码+首笔代码+次笔代码+末笔代码（不足 4 码时,加空格键）。

例如,虫　字根：虫 丨 乙 丶　键位：J H N Y；匕　字根：匕 丿 乙　键位：X X N 空格。

成字字根表如表 2-7 所示。

表 2-7　成字字根表

键盘分区	成 字 字 根
1（横）	戋、五、一、士、二、干、十、寸、雨、犬、三、古、石、厂、丁、西、戈、弋、廿、七
2（竖）	上、止、卜、早、虫、曰、川、甲、四、车、力、由、贝、几
3（撇）	竹、手、斤、乃、用、八、儿、夕
4（捺）	文、方、广、辛、六、门、小、米
5（折）	巳、已、尸、心、羽、耳、了、子、也、刀、白、巴、马、弓、匕

5. 末笔字型识别码表

字根为五笔字型输入法中构成汉字的最基本的单位。相同的字根不同位置组合，就会构成不同的汉字。为了汉字输入的准确性，如果一个汉字的字根拆分后不足 4 个，这时就需要利用汉字的「末笔字型识别码」来确定汉字的编码，以完成汉字的输入。末笔字型识别码与键盘上按键的对应关系如表 2-8 所示。

表 2-8　末笔字型识别码表

字型 末笔型	左 右 型	上 下 型	杂 合 型
横（一）	G（一）	F（二）	D（三）
竖（丨）	H（丨）	J（刂）	K（川）
撇（丿）	T（丿）	R（〃）	E（彡）
捺（丶）	Y（丶）	U（冫）	I（氵）
折（乙）	N（乙）	B（巛）	V（巛）

6. 简码

为了提高汉字的录入速度，五笔字型编码方案将许多常用汉字的编码进行了简化处理。只要输入汉字全码的第一、二或三个字根，然后再按空格键，即可完成汉字的输入。

根据汉字使用频率，将汉字划分为一级简码、二级简码和三级简码。

◆ 一级简码

一级简码又称为高频字，共 25 个。键盘上五笔字型输入法的 25 个字母键分别对应一个使用频率最高的汉字。

输入方法：第一个字根对应的字母键+空格键。

一级简码对应的键盘上的字母键如表 2-9 所示。

表 2-9　一级简码表

所 在 区	一 级 简 码				
1区（一）	G（一）	F（地）	D（在）	S（要）	A（工）
2区（丨）	H（上）	J（是）	K（中）	L（国）	M（同）
3区（丿）	T（和）	R（的）	E（有）	W（人）	Q（我）
4区（丶）	Y（主）	U（产）	I（不）	O（为）	P（这）
5区（乙）	N（民）	B（了）	V（发）	C（以）	X（经）

一级简码口诀：一地在要工，上是中国同，和的有人我，
　　　　　　　主产不为这，民了发以经

◆　二级简码

五笔字型 25 个字母键任意两两组合，即 25×25=625，除掉一些没有的空字，将近有 600 多个二级简码字。

输入方法：第一、二个字根对应的字母键+空格键。

例如，年：RH+空格；业：OG+空格。

◆　三级简码

三级简码由汉字的前三个字根加上一个空格键组成。前三个字根在编码中是唯一的，都归纳为三级简码字，一共约 4 000 个。

输入方法：第一、二、三个字根对应的字母键+空格键。

虽然按键盘的次数没有减少，但省去了判断末笔字型识别码的工作，同样可以提高汉字的录入速度。

例如，壳：FPM+空格；党：IPK+空格。

7．词组

前面内容都是关于单个汉字的输入方法，如果对于汉字的词组我们还是利用单个汉字的输入方法的话，编码会显得很长，同时也降低了文字的录入速度。五笔字型输入法中，对词组进行字根拆分，这样词组的输入也可以同单字的输入一样只要输入 4 个码，从而可大大提高文字的录入速度。词组字根拆分对照表如表 2-10 所示。

表 2-10　词组字根拆分对照表

词组类型 \ 说明	输入方法	举例	字根及编码
双字词	依次输入两个汉字的第一、二个字根编码	历史	厂、力、口、乂，DLKQ
		人民	人、人、尸、七，WWNA
三字词	前两个字第一个字根码+最后一个字第一、二个字根码	解放军	⺈、亠、冖、车，QYPL
		中山陵	口、山、阝、土，KMBF
四字词	每个汉字的第一个字根码	海阔天空	氵、门、一、宀，IUGP
		锲而不舍	钅、丆、一、人，QDGW
多字词	前三个字和最后一个字的第一个字根码	中华人民共和国	口、亻、人、口，KWWL
		中国人民解放军	口、口、人、⺈，KLWP

2-3-5 五笔字型字根拆分练习

基 础 篇

字	编 码 拆 分	字 根 按 键	字	字 根 拆 分	字 母 按 键
一			朋		
小			字		
工			加		
友			要		
今			如		
花			明		
天			安		
你			束		
也			李		
旦			米		
白			书		
木			示		
但			软		
床			果		
吉			桂		
主			能		
立			草		
禾			完		
入			想		
扛			格		
门			唱		
旺			恕		
年			苦		
有			何		
来			元		
佳			松		
交			子		
法			村		
生			痛		
很			哎		
订			路		
埋			与		
针			栏		
惜			腰		
眼			街		

续表

字	编码拆分	字根按键	字	字根拆分	字母按键
清			多		
汤			巷		
感			段		
虎			会		
屋			层		
创			敢		
被			英		
棚			换		
周			朗		
词			国		
中			亲		
兄			售		
注			员		
音			拉		
笑			袄		

进 阶 篇

字	编码拆分	字根按键	字	字根拆分	字母按键
互			豪		
哥			铁		
厘			继		
惹			庸		
拟			处		
辩			面		
落			率		
碟			兆		
既			妻		
然			戴		
差			剩		
职			剪		
寿			翘		
舞			楼		
雾			飞		

续表

字	编码拆分	字根按键	字	字根拆分	字母按键
钮			离		
制			裕		
拯			养		
掷			貌		
廉			嘀		
簿			霍		
坏			步		
满			脊		
越			蜀		
拽			酬		
犀			赘		
灵			靠		
善			凰		
伞			鼠		
暴			潦		
窗			喝		
牌			亚		
隆			非		
捞			象		
券			夜		
杯			瘾		
贰			羽		
宪			蠢		
鼎			重		
藏			膏		
凶			谣		
叠			释		
幽			解		
凹			晕		
凸			谬		
阑			菌		
瓦			逛		
康			醒		
寡			曹		
靓			军		

2-3-6　五笔字型字根拆分练习解答

基 础 篇

字	编 码 拆 分	字 根 按 键	字	字 根 拆 分	字 母 按 键
一	一	GGLL	朋	月、月、一	EEG+空格
小	小、丨、丿、丶	IHTY	字	宀、子、二	PBF+空格
工	工	AAAA	加	力、口、一	LKG+空格
友	ナ、又、丶	DCU+空格	要	西、女、二	SVF+空格
今	人、丶、乙、巛	WYNB	如	女、口、一	VKG+空格
花	艹、亻、匕、巛	AWXB	明	日、月、一	JEG+空格
天	一、大、氵	GDI+空格	安	宀、女、二	PVF+空格
你	亻、勹、小、丶	WQIY	束	一、口、小、氵	GKII
也	也、乙、丨、乙	BNHN	李	木、子、二	SBF+空格
旦	日、一、二	JGF+空格	米	米、丶、丿、丶	OYTY
白	白	RRRR	书	乙、乙、丨、丶	NNHY
木	木	SSSS	示	二、小、丶	FIU+空格
但	亻、日、一、一	WJGG	软	车、勹、人、丶	LQWY
床	广、木、氵	YSI+空格	果	日、木、氵	JSI+空格
吉	士、口、二	FKF+空格	桂	木、土、土、一	SFFG
主	丶、王、三	YGD+空格	能	厶、月、匕、匕	CEXX
立	立	UUUU	草	艹、早、刂	AJJ+空格
禾	禾	TTTT	完	宀、二、儿、巛	PFQB
入	丿、丶、氵	TYI+空格	想	木、目、心、丶	SHNU
扛	扌、工、一	RAG+空格	格	木、夂、口、一	STKG
门	门、丶、丨、乙	YUHN	唱	口、日、日、一	KJJG
旺	日、王、一	JGG+空格	恕	女、口、心、丶	VKNU
年	𠂉、丨、十、川	RHFK	苦	艹、古、二	ADF+空格
有	ナ、月、二	DEF+空格	何	亻、丁、口、一	WSKG
来	一、米、氵	GOI+空格	元	二、儿、巛	FQB+空格
佳	亻、土、土、一	WFFG	松	木、八、厶、丶	SWCY
交	六、乂、氵	UQU+空格	子	子	BBBB
法	氵、土、厶、丶	IFCY	村	木、寸、丶	SFY+空格
生	丿、⺀、三	TGD+空格	痛	疒、又、用、川	UCEK
很	彳、彐、𪜮、丶	TVEY	哎	口、艹、乂、丶	KAQY
订	讠、丁、丨	YSH+空格	路	口、止、夂、口	KHTK
埋	土、日、土、一	FJFG	与	一、乙、一、三	GNGD
针	钅、十、丨	QFH+空格	栏	木、⺍、二、一	SUFG

续表

字	编码拆分	字根按键	字	字根拆分	字母按键
惜	忄、龷、日、一	NAJG	腰	月、西、女、一	ESVG
眼	目、彐、𧘇、丶	HVEY	街	彳、土、土、丨	TFFH
清	氵、龶、月、一	IGEG	多	夕、夕、丶	QQU
汤	氵、乙、𠂆、丿	INRT	巷	龷、八、巳、巜	AWNB
感	厂、一、口、心	DGKN	段	亻、三、几、又	WDMC
虎	广、七、几、巜	HAMV	会	人、二、厶、丶	WFCU
屋	尸、一、厶、土	NGCF	层	尸、二、厶、氵	NFCI
创	人、巳、刂、丨	WBJH	敢	乙、耳、夂、丶	NBTY
被	礻、丶、广、又	PUHC	英	艹、门、大、丶	AMDU
棚	木、月、月、一	SEEG	换	扌、勹、冂、大	RQMD
周	门、土、口、三	MFKD	朗	丶、彐、厶、月	YVCE
词	讠、乙、一、口	YNGK	国	囗、王、丶、氵	LGYI
中	口、丨、川	KHK+空格	亲	立、木、丶	USU+空格
兄	口、儿、巜	KQB+空格	售	亻、圭、口、二	WYKF
注	氵、丶、王、一	IYGG	员	口、贝、丶	KMU+空格
音	立、日、二	UJF+空格	拉	扌、立、一	RUG+空格
笑	竹、丿、大、丶	TTDU	祆	礻、丶、丿、大	PUTD

进 阶 篇

字	编码拆分	字根按键	字	字根拆分	字母按键
互	一、彐、一、三	GXGD	豪	亠、口、冖、豕	YPEU
哥	丁、口、丁、口	SKSK	铁	钅、⺈、人、丿	QRWR
厘	厂、日、土、三	DJFD	继	纟、米、乙、乙	XONN
惹	艹、亠、口、心	ADKN	庸	广、彐、月、丨	YVEH
拟	扌、乙、丶、人	RNYW	处	夂、卜、氵	THI+空格
辩	辛、讠、辛、丨	UYUH	面	𠂆、冂、小、三	DMJD
落	艹、氵、夂、口	AITK	率	亠、幺、八、十	YXIF
碟	石、廿、乙、木	DANS	兆	㐄、儿、巜	IQV+空格
既	彐、厶、匚、儿	VCAQ	妻	一、彐、丨、女	GVHV
然	夕、犬、灬、丶	QDOU	戴	十、戈、田、八	FALW
差	丷、手、工、二	UDAF	剩	禾、丬、匕、刂	TUXJ
职	耳、口、八、丶	BKWY	剪	丷、月、刂、刀	UEJV
寿	三、丿、寸、丶	DTFU	翘	戈、丿、一、羽	ATGN
舞	𠂉、卌、一、丨	RLGH	楼	木、米、女、一	SOVG

字	编码拆分	字根按键	字	字根拆分	字母按键
雾	雨、冬、力、巛	FTLB	飞	乙、冫、冫	NUI+空格
钮	钅、乙、土、一	QNFG	离	文、凵、冂、厶	YBMC
制	仁、冂、丨、刂	RMHJ	裕	衤、冫、八、口	PUWK
拯	扌、了、八、一	RBIG	养	丷、三、丿、刂	UDYJ
掷	扌、丷、大、阝	RUDB	貌	四、豸、白、儿	EERQ
廉	广、丷、彐、小	YUVO	嘀	口、立、冂、古	KUMD
簿	竹、氵、一、寸	TIGF	霍	雨、四、豸、土	FEEF
坏	土、一、小、丶	FGIY	步	止、小、"	HIR+空格
满	氵、廿、一、人	IAGW	脊	八、人、月、二	IWEF
越	土、止、匚、丿	FHAT	蜀	四、勹、虫、冫	LQJU
拽	扌、日、匕、丿	RJXT	酬	西、一、丶、丨	SGYH
犀	尸、水、二、丨	NIRH	赘	圭、勹、攵、贝	GQTM
灵	彐、火、丶	VOU+空格	靠	丿、土、口、三	TFKD
善	丷、王、丷、口	UDUK	凰	几、白、王、三	MRGD
伞	人、丷、丨、刂	WUHJ	鼠	白、乙、丷、乙	VNUN
暴	日、共、八、水	JAWI	潦	氵、大、丷、小	IDUI
窗	宀、八、丿、夕	PWTQ	喝	口、日、勹、乙	KJQN
牌	丿、丨、一、十	THGF	亚	一、小、一、三	GOGD
隆	阝、攵、一、圭	BTGG	非	三、刂、三、三	DJDD
捞	扌、廿、冖、力	RAPL	象	勹、四、豸、丶	QJEU
券	丷、大、刀、巛	UDVB	夜	亠、亻、夂、丶	YWTY
杯	木、一、小、丶	SGIY	瘾	疒、立、日、心	UUJN
贰	弋、二、贝、冫	AFMI	羽	羽、乙、丶、一	NNYG
宪	宀、丿、土、儿	PTFQ	蠢	三、人、虫、虫	DWJJ
鼎	目、乙、丆、乙	HNDN	重	丿、一、日、土	TGJF
藏	廿、厂、乙、丿	ADNT	膏	亠、冖、口、月	YPKE
凶	乂、凵、川	QBK+空格	谣	讠、四、二、山	YERM
叠	又、又、又、一	CCCG	释	丿、米、又、丨	TOCH
幽	幺、幺、山、川	XXMK	解	勹、用、刀、丨	QEVH
凹	冂、几、一、三	MMGD	晕	日、冖、车、刂	JPLJ
凸	丨、一、冂、一	HGMG	缪	讠、羽、人、彡	YNWE
阑	门、一、四、小	UGLI	菌	廿、囗、禾、丶	ALTU
瓦	一、乙、丶、乙	GNYN	逛	犭、丿、王、辶	QTGP
康	广、彐、水、氵	YVII	醒	西、一、日、圭	SGJG
寡	宀、丆、月、刀	PDEV	曹	一、冂、卅、日	GMAJ
靓	圭、月、冂、儿	GEMQ	军	冖、车、刂	PLJ+空格

2-4　搜狗拼音输入法

　　搜狗拼音输入法是搜狐（SOHU）公司推出的一款 Windows 平台下的汉字拼音输入法。搜狗拼音输入法是基于搜索引擎技术的，特别适合网民使用的新一代输入法产品，用户可以通过因特网备份自己的个性化词库和配置信息。搜狗拼音输入法为中国国内现今主流汉字拼音输入法之一。

　　搜狗拼音输入法特点如下。

　　网络新词：网络新词是搜狗拼音最大优势之一。鉴于搜狐公司同时开发搜索引擎的优势，它在软件开发过程中分析了庞大数量的网页，将字、词组按照使用频率重新排列。在官方首页上还有研发人员制作的同类产品首选字准确率对比。这些设计的确在一定程度上提高了打字的速度。

　　快速更新：不同于许多输入法依靠升级来更新词库的办法，搜狗拼音采用不定时在线更新的办法。这减少了用户自己造词的时间。

　　整合符号：搜狗拼音将许多符号表情也整合进词库，如输入"haha"，就会得到"^_^"。另外，它还提供一些用户自定义的缩写，如输入"QQ"，则显示"我的 QQ 号是××××××"等。

　　笔画输入：u 键模式是专门为输入不会读的字所设计的。在输入 u 键后，依次输入一个字的笔顺，笔顺为：h 横、s 竖、p 撇、n 捺、z 折，就可以得到该字，同时小键盘上的 1、2、3、4、5 也代表 h、s、p、n、z。这里的笔顺规则与普通手机上的五笔画输入是完全一样的。其中点也可以用 d 来输入。由于双拼占用了 u 键，智能 ABC 的笔画规则不是五笔画，所以双拼和智能 ABC 下都没有 u 键模式。

　　输入统计：搜狗拼音提供一个统计用户输入字数、打字速度的功能，但每次更新都会清零。

　　输入法登录：可以使用输入法登录功能登录搜狗、搜狐、chinaren、17173 等网站成为会员。

　　个性皮肤：用户可以选择多种精彩皮肤，更有每天自动更换一款的<皮肤系列>功能。

　　细胞词库：细胞词库是搜狗首创的、开放共享、可在线升级的细分化词库功能。细胞词库包括但不限于专业词库，通过选取合适的细胞词库，搜狗拼音输入法可以覆盖几乎所有的中文词汇。

2-4-1　界面介绍

1. 打开输入法界面

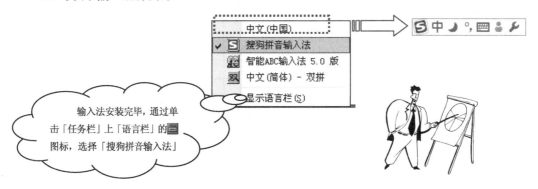

输入法安装完毕，通过单击「任务栏」上「语言栏」的 图标，选择「搜狗拼音输入法」

2．系统设置界面

"常用"选项卡：设定输入风格和拼音模式。

"按键"选项卡：设置中/英文切换、候选字词和快捷键。

"外观"选项卡：设置显示模式和皮肤外观。

"词库"选项卡：设置用户词库和细胞词库。

2-4-2　常用输入法技巧

1．全拼方式输入

全拼方式输入指在输入拼音串时输入字词的全部拼音。

搜狗拼音输入法支持不完整的拼音（简拼）输入，即在输入中可以省略字词的韵母部分。例如，输入"幸运"，可以省略"幸"字的韵母，输入拼音串"xyun"；输入"微软"，可以同时省略两个字的韵母，输入拼音串"wr"。

然后按"空格"键或数字键"1"，即可完成"幸运"、"微软"两个词组的输入。

　　全拼输入时，如果是词输入，尽管搜狗拼音输入法会自动切分各字的音节，但对于有多重含义而无法切分的音节，需要手工进行音节切分，每个音节之间用英文单引号隔开。例如，要输入"方案"，需要输入"fang'an"　　单引号一定要输入，否则输入法将理解为要输入"反感"。

2．双拼方式输入

双拼方式输入是两键输入一个汉字拼音的方式，对所有声母和韵母，可以用单个字母键对它们进行编码。

例如，定义 zh=U，eng=T，之后输入"ut"将输入拼音"zheng"。

通过「双拼方案设置」，用户可以查看和自定义双拼编码，以符合自己的输入习惯，提高文字录入速度。双拼方案设置如图2-4所示。读者可自行进入该界面，查看详细内容。

图2-4　双拼方案设置

3．造词

在连续输入多个字的拼音时，输入法将提示词和字信息。如果没有对应的词，用户可以逐个选择字（或词），输入法将根据用户的选择自动造词；在下一次输入时，输入法将能找到该词。

例如，输入"思递波"：

（1）在「搜狗拼音输入法/全拼」状态下输入"sidibo"。

（2）此时只有最后一个字不符合要求，根据输入要求，先选择"思递"，即按数字键"2"。

（3）按数字键"3"，完成"思递波"三字的输入。此时输入法的造词功能便会发挥作用，当再次输入"思递波"时，已经不需要再查找"波"字了。

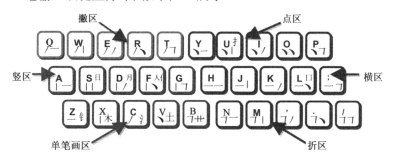

4. 特殊输入

- 在 Caps Lock 开启的状态下，可以直接输入大写英文字母，并结合「Shift」键输入小写英文字母。
- 按「Shift」键，可将输入法直接切换到英文输入状态。
- 在中文输入状态下输入英文字母后，直接按「Enter」键，可将该英文字母输入。

2-5 二笔输入法

2-5-1 输入法简介

二笔输入法是一种音形结合的输入法，使用汉字的拼音首字母加汉字的笔画来进行汉字的输入。两个笔画为一键；平均两键出一个字，一般在三键之内可以直接输入 4 000 多个汉字。本章以「二笔输入法 6.2 版」为例进行说明。

2-5-2 键盘分区

二笔输入法的 30 个编码键有规律地排列，容易记忆。可分为 6 个区：5 个双笔画区和 1 个单笔画区。二笔输入法键盘分布图如图 2-5 所示。

图 2-5 二笔输入法键盘分布图

- 5 个双笔画区：横区、竖区、撇区、点区、折区。如图 2-5 所示，每种双笔画的排列非常有规律。例如，以横笔开头的 5 种双笔画分别为一一、一丨、一丿、一丶、一乛，第二笔分别为横、竖、撇、点、折，从左到右顺序排列。其他 4 个区，以此类推。
- 1 个单笔画区：横、竖、撇、点、折（一、丨、丿、丶、乛），从左到右顺序排列。

2-5-3　取码要素

五笔字型输入法中，使用 25 个字母键定义汉字的字根。而二笔输入法则使用全部 26 个字母键和 4 个非字母符号键「,」、「.」、「/」、「;」，共 30 个键位给汉字编码。63 个编码要素分别代表 23 个汉语拼音首字母、5 种单笔画、25 种双笔画和 10 个偏旁部首。

- ◆ 23 个拼音首字母：汉语拼音中"I、U、V"3 个字母不能作为拼音首字母，26 个英文字母中的其余 23 个都可以作为拼音的首字母。
- ◆ 5 种单笔画：横、竖、撇、点、折（一、丨、丿、丶、乛）。
- ◆ 25 种双笔画：横、竖、撇、点、折 5 种基本笔画两两组合，共 25 种组合。
- ◆ 10 个偏旁部首：为了提高汉字输入速度，二笔输入法在键盘上设置了 10 个使用频率最高的偏旁部首，打字时遇到这些设定部首不能拆分。它们分别为："钅、木、氵、土、艹、日（曰）、月、人（亻）、口、扌"。

记忆口诀："金、木、水、土、草、日、月、人、口、手"。

2-5-4　编码规则

二笔输入法根据汉字字型结构编码，特点为：两笔作为一键，按汉字的书写顺序，将连续两个笔画作为一个组合码。输入汉字时，第一码取汉字拼音首字母，从第二码起取笔画，最多取 4 码，不足 4 码应全取，不能取双笔画就取单笔画。

二笔输入法中将汉字结构划分为独体字和合体字。

汉字字型结构划分及编码规则如表 2-11 所示。

表 2-11　汉字字型结构划分及编码规则

字 型			字型说明		编码规则
独体字			汉字连成一个整体，无法拆分为两个独立部分，例如：文、方		拼音首字母+顺序笔画码
合体字	上下		例如：音、景	分为两个部分，称为前半部和后半部	拼音首字母+前半部 1 码+后半部 2 码
	左右		例如：行、刊		
	内外	全包围	例如：围、固		口诀：前两笔后两码
		半包围	例如：医、过		

二笔输入法定义了一些使用频率较高的汉字为一码字，共 26 个，其中 23 个是以拼音首字母（除了汉语拼音中无法成为首字母的 3 个字母I、U、V）作为编码的高频字。这些汉字也可以使用二笔输入法的规则来拆分。

一码字如表 2-12 所示。

表 2-12 一码字

Q（起）	W（为）	E（而）	R（人）	T（他）	Y（一）	U（大）	I（有）	O（偶）	P（平）
A（安）	S（是）	D（的）	F（分）	G（个）	H（和）	J（就）	K（可）	L（了）	
Z（在）	X（学）	C（产）	V（这）	B（不）	N（你）	M（们）			

2-5-5　应用举例

1. 独体字输入

独体字编码规则如表 2-13 所示。

表 2-13　独体字编码规则

编码顺序	第一码	第二码	第三码	第四码
取码要素	汉语拼音首字母	第一、二笔	第三、四笔	第五笔

独体字编码举例如表 2-14 所示。

表 2-14　独体字编码举例

文字	文字说明	第一码	第二码（笔画）	第三码（笔画）	第四码（笔画）	最终编码
木	为设定部首，直接取部首代码	M	X（木）			MX
开	取码不足 4 码，无第五笔	K	H（一一）	W（丿丨）		KHW
东	取足 4 码，需要取第五笔	D	;（一ㄱ）	D（丨丿）	V（丶）	D; DV
乐	多音字，有几种首音就有几种取码	Y	T（丿ㄱ）	D（丨丿）	V（丶）	YTDV
		L	T（丿ㄱ）	D（丨丿）	V（丶）	LTDV

2. 合体字输入

合体字编码规则如表 2-15 所示。

表 2-15　合体字编码规则

编码顺序	第一码	第二码	第三码	第四码
取码要素	汉语拼音首字母	前半部的 第一、二笔	后半部的 第一、二笔	后半部的 第三、四笔

合体字编码举例如表 2-16 所示。

表 2-16　合体字编码举例

文 字	文字说明	第一码	第二码（笔画）	第三码（笔画）	第四码（笔画）	最终编码
码	按合体字编码规则进行编码	M	K（一丿）	/（乛乛）	Z（一）	MK/Z
镇	遇到部首时，取首代码	Z	Z（钅）	J（一丨）	G（丨乛）	ZZJG
旧	前半部为单笔画，取单笔画	J	X（丨）	S（日）		JXS
逗	第二笔为部首时，第二码取单笔画	D	Z（一）	P（丶乛）	V（丶）	DZPV
贰	按笔画顺序，前半部只能先写第一笔时，取单笔画	E	Z（一）	H（一一）	G（丨乛）	EZHG
匡	半包围结构，取前半部的第一笔，接着取后半部	K	Z（一）	H（一一）	A（丨一）	KZHA
困	全包围结构，后半部只有一个部首，没第四码	K	G（丨乛）	X（木）		KGX

表 2-16 中的部分汉字其实只需按 3 次键盘便可实现文字的输入，例如，码：MK/　；镇：ZZJ。

3．词组输入

词组输入举例如表 2-17 所示。

表 2-17　词组输入举例

词组类型	举例文字	编 码 规 则	编　码
二字词	词组	取每字的前两码	C P　Z/ 词　组
三字词	教育部	取第一个字前两码，后两字第一码	J J　Y　B 教　育　部
四字词	与日俱增	取每个字的第一码	Y　R　J　Z 与　日　俱　增
多字词	有志者事竟成	取前三字的第一码，最后一字的第一码	Y　Z　Z　C 有　志　者　成

当一码字在二字词中或者为三字词的首字时，一码字应取前二码。例如，人们：RFMF（"人"是一码字，此时输入时要取二码："RF"）。

2-6　计算机输入（中文看打）测验系统应用

2-6-1　软/硬件需求

（1）中文版 Microsoft Windows 98（第 2 版以上）/Me 或 Windows NT 4.0 / 2000 /XP Professional。

（2）Pentium II 以上计算机。

（3）800×600 分辨率，256 色（含）以上彩色显示卡与屏幕，字号为 Small Fonts。

（4）鼠标及相关驱动程序。

（5）四倍速（含）以上光驱。

（6）至少 100 MB 硬盘空间。

2-6-2　安装方法

（1）软件安装前请先确认上述所有设备皆能在中文 Microsoft Windows 下正常使用。

（2）进入中文 Windows。

（3）请将本软件光盘片放入光驱。

（4）请执行「中文看打国际认证 V2.97S.exe」。

（5）请依照画面指示安装。

（6）安装完毕后会在「开始/所有程序」下产生一个「Typing Credential」文件夹，内含「中文看打国际认证 V2.97S」程序项目，同时也会在桌面产生快捷方式。

（7）每次使用时，只要在桌面「中文看打国际认证 V2.97S」快捷方式图标上双击鼠标左键即可进入。

2-6-3　操作流程说明

当用户依照上述步骤所示完成本书所附测验软件的安装工作后，接下来便可以开始测一下自己的实力了。

（1）在 Windows 桌面上执行快捷方式「中文看打国际认证练习版 V2.97S」，即可启动本书所附 Certiport 全球认证中心提供的中文看打考试软件。

（2）首先会看到如图 2-6 所示的「请输入个人信息」画面，等待用户输入个人信息，输入完毕，单击「继续」按钮。

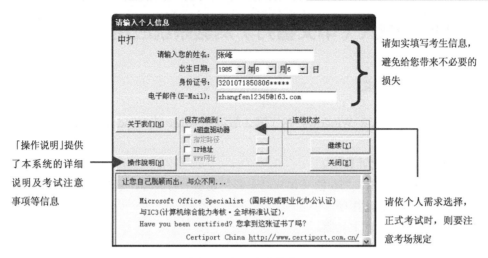

「操作说明」提供了本系统的详细说明及考试注意事项等信息

请如实填写考生信息，避免给您带来不必要的损失

请依个人需求选择，正式考试时，则要注意考场规定

图2-6　输入个人信息

（3）设定相关练习模式，请依次输入，如图2-7所示。

请指定要练习的试题档名

正式考试时间为10分钟

用户可以选取直接显示文稿在屏幕上，或不显示文稿内容，直接看书中文稿输入

请随时留意本网页提供的最新资讯

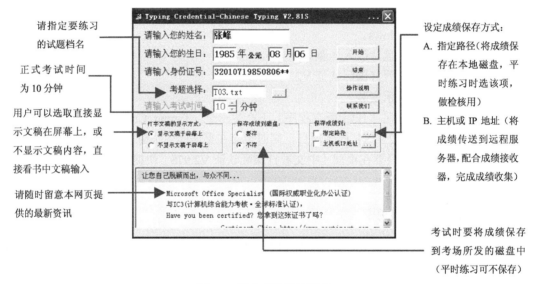

设定成绩保存方式：

A. 指定路径（将成绩保存在本地磁盘，平时练习时选该项，做检查用）

B. 主机或 IP 地址（将成绩传送到远程服务器，配合成绩接收器，完成成绩收集）

考试时要将成绩保存到考场所发的磁盘中（平时练习可不保存）

图2-7　设定相关练习模式

1. 本软件默认由计算机随机出题，请参考本书所附文稿练习，或单击「寻找档案 ⋯」按钮寻找练习档案。

2. 若欲自行命题，只需通过「记事本」建档即可（每行 30 个字符，包括标点符号及空格）。

3. 老师若想快速收集学生的成绩资料，请联系考试中心。

4. 系统登录画面下方会不定期公布最新且重要的信息给用户，包含系统新版通知等，请记得随时联机上网查询！

（4）请启动要使用的中文输入法，单击「开始」按钮后，出现如图 2-8 所示画面，便开始计时练习。

显示当前光标所在位置

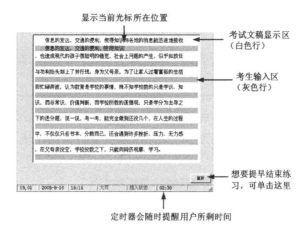

考试文稿显示区
（白色行）

考生输入区
（灰色行）

想要提早结束练习，可单击这里

定时器会随时提醒用户所剩时间

图 2-8　计时练习画面

初学者建议先以显示文稿的方式练习，当成绩达到一定水准时，再尝试以「看稿打字（参考本书所附试卷）」的不显示文稿方式练习。

（5）当用户设定的练习时间一到（或自行按下画面右上角的「结束」按钮），便开始自动进行评分工作，请稍待片刻，即出现如图 2-9 所示的成绩单。

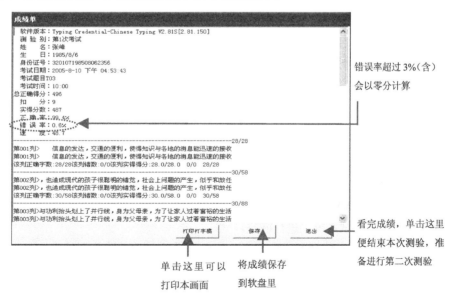

错误率超过 3%（含）会以零分计算

看完成绩，单击这里便结束本次测验，准备进行第二次测验

单击这里可以打印本画面

将成绩保存到软盘里

图 2-9　成绩单

> 1. 请先确定打印机可正常运作，再单击「打印打字稿」按钮。
>
> 2. 由于部分输入法，如「微软拼音输入法」须在输入标点符号或按下「Enter」键之后，才视前段文字为确认输入。所以请务必特别留意：当考试时间已接近终了时，用户所输入的最后一行文字要及早按下「Enter」键完成确认输入的动作，以免因时间到被中断输入而造成一大串文字白打（未按下「Enter」键视同未输入）的情形。

（6）如果一开始选取「要存」成绩到软盘片里，则在上述成绩单画面出现前，会先检查是否已放置软盘，并进行存盘动作。如果未放置妥当，则出现如图 2-10 所示的警告信息。

软盘准备好
后，再重试

放弃存档，直
接看成绩

图 2-10　警告信息

（7）当成绩查看完毕，单击「开始」按钮即可进行第二次测验，或直接单击「取消」按钮结束本软件，如图 2-11 所示。

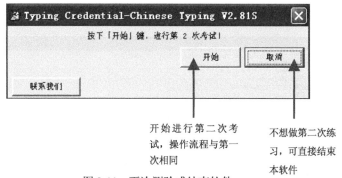

开始进行第二次考
试，操作流程与第一
次相同

不想做第二次练
习，可直接结束
本软件

图 2-11　再次测验或结束软件

（8）结束本软件前，系统会自动按判分标准将各次成绩汇总后，选取最高分作为该次测验的总成绩（错误率超过 10%（含）会以零分计算）。总成绩画面如图 2-12 所示。

（9）利用考试系统，进行练习。

本考试系统安装完成后，会在 Windows 操作系统安装路径下的「Program File」文件夹中生成一个名为「Typing Credential」的文件夹，如图 2-13 所示。

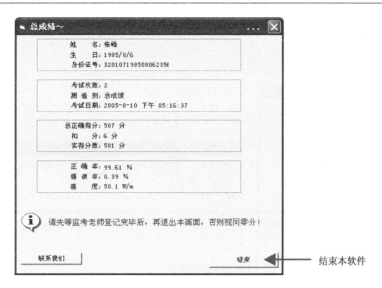

图 2-12 总成绩画面

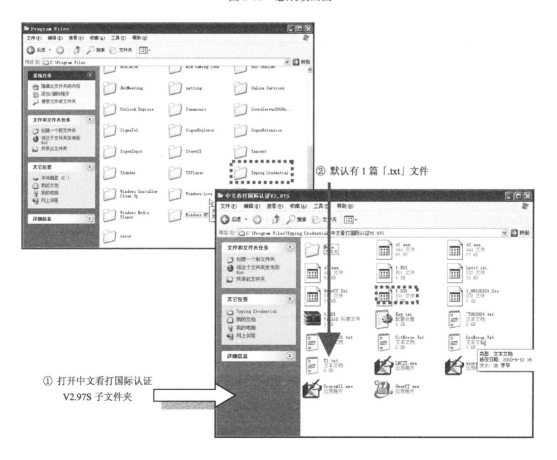

② 默认有 1 篇「.txt」文件

① 打开中文看打国际认证 V2.97S 子文件夹

43

③ 在系统中单击「寻找档案」按钮寻找练习文件

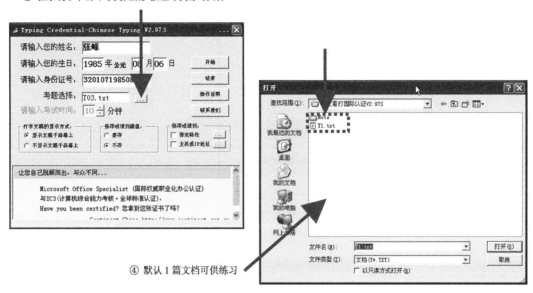

④ 默认 1 篇文档可供练习

⑤ 若欲自行命题练习，只需通过「记事本」建立「.txt」档案即可（每行 30 个字符，包括标点符号及空格）。本例建立 T2.txt 文件

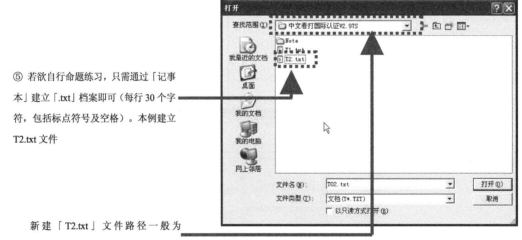

新建「T2.txt」文件路径一般为「C:\Program Files\Typing Credential\中文看打国际认证 V2.97S」文件夹中。此时通过单击「寻找档案」按钮，便可发现新建的文件。

图 2-13　利用考试系统进行练习

（10）新建「.txt」文件格式如图 2-14 所示。

图 2-14　新建「.txt」文件格式

2-6-4　重要操作按键说明

在进入练习画面后，除了利用鼠标移动光标外，也可以利用如表 2-18 所示的按键将光标移动到适当位置修改或输入文字。

表 2-18　部分按键及其功能

按　　键	功　　能
Enter 键	将光标移至下行首
空格键	插入空格符
Del 键	删掉光标所在位置上的字
↑　↓　（上下方向）键	将光标停留位置往上（/下）移一行，垂直位置不变
←　→　（左右方向）键	在同一行列向左（/右）移动光标
←Backspace（退位键）	删掉光标所在位置的前一个字
Home/End 键	将光标移至目前所在行已输入字符串的最左边（/右边）
PgUp/PgDn 键	往上（/下）切换一页显示文稿内容
Alt+标点符号键	输入标点符号（各标点符号键盘位置参考本书 2-2-4 节的介绍）

1. 练习过程中，文字均以"插入"状态输入。

2. 若中文输入法本身已针对上列按键功能另有特殊定义，则该按键以输入法规定的功能为准。（例如，使用"微软拼音输入法"输入中文时，若欲将光标移至其他行，请先按一下「Enter」键完成输入后，再按「↑」「↓」或「Enter」键换行。）

3. 用户可以自行以记事本开启 C:\Program Files\Typing Credential\中文看打国际认证 V2.97S 的 Key.ini 文件，重新定义标点符号的快速键。

2-6-5 考试注意事项

（1）考试画面中，每段首行均需输入两个全角空格。

（2）每行试题内容输入完毕，请自行按「Enter」键换行继续输入。

2-6-6 评分方式及实力分析说明

当测验结束时，在成绩单画面上单击「打印打字稿」按钮，可获得如图 2-15 所示「成绩单」中的作答过程及评分结果记录数据。用户可以藉此了解自己打字的实力如何。（详细计分标准请参考本书 PART 1 中文看打输入评分规则。）

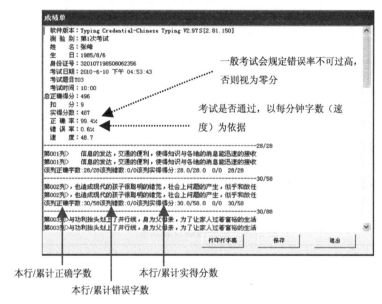

图 2-15 成绩单

当用户结束考试返回 Windows 资源管理器后，可在本系统所在文件夹（C:\Program Files\Typing Credential 练习版\中文看打国际认证练习版 V2.97S）中找到成绩档。

2-7 中文看打模拟试题 14 篇

 中文看打模拟试题一

思递波——全球国际计算机应用与信息能力标准推动者。它于一九九七年成立，为美国微软授权办公软件全球性专业认证研发权威机构，全球已超过八百万人次参加它所举办的考试，并推广至全球一百二十三个国家和地区，采用十九种语言的考试版本。思递波成立宗旨在于配合各国政府政策、企业需要、教师新式教学与学生实用练习，推广信息教育，培养优秀计算机实际运用与信息人才，结合国际经验与资源提升计算机与信息教育水平；推动计算机与信息技术能力认证制度，提供良好的计算机与信息学习环境，协助计算机与信息学习者取得国际性的计算机与信息技能证照，以提升企业、学校及个人计算机与信息知识与应用技术能力水平，并作为企业求才时提升专业能力的最佳利器与凭证。

思递波是在美国注册的针对全球市场的计算机认证机构，也是微软授权的唯一办理全球办公室软件实际应用认证单位。在微软与思递波的鼓励与支持下，于二零零四年在中国成立思递波中国，致力于发展中国的计算机学习水平和办公室软件运用能力，进而提升企业竞争力与发展个人职业生涯打下扎实根基。

思递波长期针对国际市场对人才的需要制定世界范围的高水平认证考试，其认证的效力深入全球一百二十二个国家，被世界性教育部门以及国际公司认为是"具有代表性和国际权威性的认证"！在国内现行推动国际性计算机技能认证项目中，很多仅限于计算机工程人员所适用，对于企业界多数（约有八成以上）的办公室行政业务工作人员，急需提供一套国际性计算机资源应用能力认证的权威标准，以衡量及提升企业员工计算机应用技能实际操作能力与效率。

在计算机与信息技术日新月异的现在，拥有一张计算机技能证照，不再是计算机工程人员专有的权利，而是E时代人职业工作上所必备的最佳生存能力护照。因此，不论您是工程人员或是办公室行政人员，都必须为自己的职业生涯建构出属于自己的"计算机信息专业护照"，以提升个人现在及未来的竞争力及生产力。

在微软公司一项针对全世界企业实施办公应用技术能力的研究调查中指出，一般会使用微软办公软件的工作者，对其实际运用的程度只达到百分之二十到百分之二十五，远远不及当初设计者提供给使用者在实际应用中的许多功能与构想，所以微软办公软件并没有发挥到其百分之六十的功效，对微软办公的发明与后续的研发而言无疑是一项损失和遗憾。微软办公自动化软件的推广与实际应用目的，就是提供给使用者轻松工作、发挥效率、节省时间、增强个人的办公执行力与提升企业的竞争力这样的平台，这个主要目标好像被大家忽略了。所以微软推出了一项针对办公软件实际应用能力的考核认证项目"国际权威办公自动化软件认证"，藉由此认证来让大家知道微软办公实际应用能力到底怎样帮助您提高个人使用效率和提升企业竞争力。

在市场调研中，我们了解到中国大部分企业较为看重工作人员的实际操作能力，尤其是企业的办公软件应用，由于没有一个广泛认可的标准可以让企业遵循，往往造成征聘或对员工的要求没有标准。无形间，增加了企业许多的人力资源浪费，工作效率不高，增加教育训练费用和员工加班费用。微软公司针对于此，于一九九八年起授权美国思递波公司每两年聘请全球二十一个（以上）国家的企业与教育专家，就企业面的需要和教育面的要求，研发出全球通用的办公软件应用规范和学术界的教学与考核指南，得到许多国家和国际专业单位认同，都以这一项认证作为员工办公软件应用方面的规范和标准；短短五年的时间里，在二零零二年已经为全世界一百二十二个国家认可，使用十九种语言推广，显示出"国际权威办公自动化软件认证"这一国际认证系统对职场应用的重要与权威性。亚洲邻近国家或地区，如日本、韩国、新加坡、新西兰、澳洲等，无论学校或企业也都陆续将"国际权威办公自动化软件认证"视为重要的教学训练指标与工具。

国际权威办公自动化软件认证——项目的目的是通过任务驱动型实用培训方式来展示微软办公软件的各种基本功能和实用技巧，协助企业、个人确认对于微软办工软件的应知技能和实用技术的专业程度，使得个人能达到现代职场对工作的技能要求，同时也满足企业的需要，提升员工的技术能力。

真实世界评估：独特的、以操作为基础的认证考试能确保对微软办公软件操作、使用及培训进行可信的评估。

学术成就：扎实的计算机使用技能使学生把注意力更好地集中在课业上，脱颖而出。

能力证明：全球权威、专业的证书增加学生应聘时的信心和能力的可信性。

学分抵免：在美国有机会抵免美国教育委员会成员大学（共约一千八百多所大专院校）的部分学分。

二十一世纪工作技能：认证符合现代企业对员工的基本技能要求，使个人能真正符合企业的用人标准。

职业发展：微软办公技能专业认证能提供给任何年龄段的学生增加技能的方法，证明学生们的专业能力，为他们踏上职场生涯打下基础，获得更大的职业发展空间。

员工生产力：通过认证能提高员工的生产力和效率。

标准评估：认证提供管理者一种生动的方式来评判一个员工的工作技能是否适合企业的用人标准。

有效培训：认证作为企业办公技能内部培训的评测手段，可以使公司的培训效果更为有效。

员工保持力：公司组织员工培训和认证，使员工增强了工作的信心并且建立一个忠诚的工作氛围。

简化应聘：全球认证的技术标准能确保员工的表现，简化了应聘过程。

减少开销：增加了员工对办公软件操作技能的掌握程度，就减少了员工对企业计算机及信息技术方面资源的需求。

一、提升全民办公软件应用潜能，加速中国人才网络化、优质化，希望本次活动的成功举办能将"办公软件应用技能大赛"办成全中国的一个传统赛事。吸引更多优秀的中国学生参加"国际权威办公自动化软件认证"国际大赛，增进中国学生与国外选手的学习交流。从而为二零一零年上海世博会提供优秀计算机人才，普及国外先进的办公软件应用能力，切实提高国内企业的办公效率，进一步加速中国人才网络化、优质化。

二、促进办公软件应用与普及，结合全球的认证体系与国际接轨。随着信息时代的发展，全球企业极为注重计算机能力的运用，尤其是办公软件的实际应用能力。随着世界各国企业纷纷涌入中国，中国与国际接轨的步伐不断加快。提升了中国计算机应用能力的发展，加速了因特网的日益普及。促进企业跟进世界水平的办公效率，帮助企业员工提高自身工作效率，从而帮助企业提高竞争力和生产力。

　　三、提供学生参与国际电脑应用技能比赛并与国外选手同台竞技的机会，促进国际交流与合作。鼓励教师、学生、在职人员、全体人民掌握计算机和因特网的基础应用技能，让教师、学生及社会人士了解世界水平的办公操作效率，提高其自身的竞争力和日后工作的效率，激发他们不断扩大计算机应用知识面和提高计算机应用技能学习的兴趣和热情，促进社会信息化，促进全球计算机文化的交流。

 中文看打模拟试题二

　　我现在已是五个儿女的父亲了。想起圣陶喜欢用的"蜗牛背了壳"的比喻，便觉得不自在。新近一位亲戚嘲笑我说，"要剥层皮呢！"更有些悚然了。十年前刚结婚的时候，在胡适之先生的《藏晖室札记》里，见过一条，说世界上有许多伟大的人物是不结婚的；文中并引培根的话，"有妻子者，其命定矣。"当时确吃了一惊，仿佛梦醒一般；但是家里已是不由分说给娶了媳妇，又有甚么可说？现在是一个媳妇，跟着来了五个孩子；两个肩头上，加上这么重一副担子，真不知怎样走才好。"命定"是不用说了；从孩子们那一面说，他们该怎样长大，也正是可以忧虑的事。我是个彻头彻尾自私的人，做丈夫已是勉强，做父亲更是不成。自然，"子孙崇拜"，"儿童本位"的哲理或伦理，我也有些知道；既做着父亲，闭了眼抹杀孩子们的权利，知道是不行的。可惜这只是理论，实际上我是仍旧按照古老的传统，在野蛮地对付着，和普通的父亲一样。近来差不多是中年的人了，才渐渐觉得自己的残酷；想着孩子们受过的体罚和叱责，始终不能辩解——像抚摩着旧创痕那样，我的心酸溜溜的。有一回，读了有岛武郎《与幼小者》的译文，对了那种伟大的，沉挚的态度，我竟流下泪来了。去年父亲来信，问起阿九，那时阿九还在白马湖呢；信上说，"我没有耽误你，你也不要耽误他才好。"我为这句话哭了一场；我为什么不像父亲的仁慈？我不该忘记，父亲怎样待我们来着！人性许真是二元的，我是这样地矛盾；我的心像钟摆似的来去。

你读过鲁迅先生的《幸福的家庭》么？我的便是那一类的"幸福的家庭"！每天午饭和晚饭，就如两次潮水一般。先是孩子们你来他去地在厨房与饭间里查看，一面催我或妻发"开饭"的命令。急促繁碎的脚步，夹着笑和嚷，一阵阵袭来，直到命令发出为止。他们一递一个地跑着喊着，将命令传给厨房里佣人；便立刻抢着回来搬凳子。于是这个说，"我坐这儿！"那个说，"大哥不让我！"大哥却说，"小妹打我！"我给他们调解，说好话。但是他们有时候很固执，我有时候也不耐烦，这便用着叱责了；叱责还不行，不由自主地，我的沉重的手掌便到他们身上了。于是哭的哭，坐的坐，局面才算定了。接着可又你要大碗，他要小碗，你说红筷子好，他说黑筷子好；这个要干饭，那个要稀饭，要茶要汤，要鱼要肉，要豆腐，要萝卜；你说他菜多，他说你菜好。妻是照例安慰着他们，但这显然是太迂缓了。我是个暴躁的人，怎么等得及？不用说，用老法子将他们立刻征服了；虽然有哭的，不久也就抹着泪捧起碗了。吃完了，纷纷爬下凳子，桌上是饭粒呀，汤汁呀，骨头呀，渣滓呀，加上纵横的筷子，欹斜的匙子，就如一块花花绿绿的地图模型。吃饭而外，他们的大事便是游戏。游戏时，大的有大主意，小的有小主意，各自坚持不下，于是争执起来；或者大的欺负了小的，或者小的竟欺负了大的，被欺负的哭着嚷着，到我或妻的面前诉苦；我大抵仍旧要用老法子来判断的，但不理的时候也有。最为难的，是争夺玩具的时候：这一个的与那一个的是同样的东西，却偏要那一个的；而那一个便偏不答应。在这种情形之下，不论如何，终于是非哭了不可的。这些事件自然不至于天天全有，但大致总有好些起。我若坐在家里看书或写什么东西，管保一点钟里要分几回心，或站起来一两次的。若是雨天或礼拜日，孩子们在家的多，那么，摊开书竟看不下一行，提起笔也写不出一个字的事，也有过的。我常和妻说，"我们家真是成日的千军万马呀！"有时是不但"成日"，连夜里也有兵马在进行着，在有吃乳或生病的孩子的时候！

　　我结婚那一年，才十九岁。二十一岁，有了阿九；二十三岁，又有了阿菜。那时我正像一匹野马，那能容忍这些累赘的鞍鞯，辔头和缰绳？摆脱也知是不行的，但不自觉地时时在摆脱着。现在回想起来，那些日子，真苦了这两个孩子；真是难以宽宥的种种暴行呢！阿九才两岁半的样子，我们住在杭州的学校里。不知怎地，这孩子特别爱哭，又特别怕生人。一不见了母亲，或来了客，就哇哇地哭起来了。学校里住着许多人，我不能让他扰着他们，而客人也总是常有的；我懊恼极了，有一回，特地骗出了妻，关了门，将他按在地下打了一顿。这件事，妻到现在说起来，还觉得有些不忍；她说我的手太辣了，到底还是两岁半的孩子！我近年常想着那时的光景，也觉黯然。阿菜在台州，那是更小了；才过了周岁，还不大会走路。也是为了缠着母亲的缘故吧，我将她紧紧地按在墙角里，直哭喊了三四分钟；因此生了好几天病。妻说，那时真寒心呢！但我的苦痛也是真的。我曾给圣陶写信，说孩子们的折磨，实在无法奈何；有时竟觉着还是自杀的好。这虽是气愤的话，但这样的心情，确也有过的。后来孩子是多起来了，磨折也磨折得久了，少年的锋棱渐渐地钝起来了；加以增长的年岁增长了理性的裁制力，我能够忍耐了——觉得从前真是一个"不成材的父亲"，如我给另一个朋友信里所说。但我的孩子们在幼小时，确比别人的特别不安静，我至今还觉如此。我想这大约还是由于我们抚育不得法；从前只一味地责备孩子，让他们代我们负起责任，却未免是可耻的残酷了！

正面意义的"幸福"，其实也未尝没有。正如谁所说，小的总是可爱，孩子们的小模样，小心眼儿，确有些叫人舍不得的。阿毛现在五个月了，你用手指去拨弄她的下巴，或向她做趣脸，她便会张开没牙的嘴格格地笑，笑得像一朵正开的花。她不愿在屋里待着；待久了，便大声儿嚷。妻常说，"姑娘又要出去溜达了。"她说她像鸟儿般，每天总得到外面溜一些时候。闰儿上个月刚过了三岁，笨得很，话还没有学好呢。他只能说三四个字的短语或句子，文法错误，发音模糊，又得费气力说出；我们老是要笑他的。他说"好"字，总变成"小"字；问他"好不好？"他便说"小"，或"不小"。我们常常逗着他说这个字玩儿；他似乎有些觉得，近来偶然也能说出正确的"好"字了——特别在我们故意说成"小"字的时候。他有一只搪瓷碗，是一毛来钱买的；买来时，老妈子教给他，"这是一毛钱。"他便记住"一毛"两个字，管那只碗叫"一毛"，有时竟省称为"毛"。这在新来的老妈子，是必须翻译了才懂的。他不好意思，或见着生客时，便咧着嘴痴笑；我们常用了土话，叫他做"呆瓜"。他是个小胖子，短短的腿，走起路来，蹒跚可笑；若快走或跑，便更"好看"了。他有时学我，将两手叠在背后，一摇一摆的；那是他自己和我们都要乐的。他的大姊便是阿菜，已是七岁多了，在小学校里念着书。在饭桌上，一定得啰啰唆唆地报告些同学或他们父母的事情；气喘喘地说着，不管你爱听不爱听。说完了总问我："爸爸认识么？""爸爸知道么？"妻常禁止她吃饭时说话，所以她总是问我。她的问题真多：看电影便问电影里的是不是人？是不是真人？怎么不说话？看照相也是一样。不知谁告诉她，兵是要打人的。她回来便问，兵是人么？为什么打人？近来大约听了先生的话，回来又问张作霖的兵是帮谁的？蒋介石的兵是不是帮我们的？诸如此类的问题，每天短不了，常常闹得我不知怎样答才行。她和闰儿在一处玩儿，一大一小，不很合适，老是吵着哭着。但合适的时候也有：譬如这个往床底下躲，那个便钻进去追着；这个钻出来，那个也跟着——从这个床到那个床，只听见笑着，嚷着，喘着，真如妻所说，像小狗似的。现在在京的，便只有这三个孩子；阿九和转儿是去年北来时，让母亲暂时带回扬州去了。阿九是欢喜书的孩子。他爱看《水浒》，《西游记》，《三侠五义》，《小朋友》等；没有事便捧着书坐着或躺着看。只不欢喜《红楼梦》，说是没有味儿。是的，《红楼梦》的味儿，一个十岁的孩子，哪里能领略呢？去年我们事实上只能带两个孩子来；因为他大些，而转儿是一直跟着祖母的，便在上海将他俩丢下。我清清楚楚记得那分别的一个早上。我领着阿九从二洋泾桥的旅馆出来，送他到母亲和转儿住着的亲戚家去。妻嘱咐说，"买点吃的给他们吧。"我们走过四马路，到一家茶食铺里。阿九说要熏鱼，我给买了；又买了饼干，是给转儿的。便乘电车到海宁路。下车时，看着他的害怕与累赘，很觉恻然。到亲戚家，因为就要回旅馆收拾上船，只说了一两句话便出来；转儿望望我，没说什么，阿九是和祖母说什么去了。我回头看了他们一眼，硬着头皮走了。后来妻告诉我，阿九背地里向她说："我知道爸爸欢喜小妹，不带我上北京去。"其实这是冤枉的。他又曾和我们说，"暑假时一定来接我啊！"我们当时答应着；但现在已是第二个暑假了，他们还在迢迢的扬州待着。他们是恨着我们呢？还是惦着我们呢？妻是一年来老放不下这两个，常常独自暗中流泪；但我有什么法子呢！想到"只为家贫成聚散"一句无名的诗，不禁有些凄然。转儿与我较生疏些。但去年离开白马湖时，她也曾用了生硬的扬州话（那时她还没有到过扬州呢），和那特别尖的小嗓子向着我："我要到北京去。"她晓得什么北京，只跟着大孩子们说罢了；但当时听着，现在想着的我，却真是抱歉呢。这兄妹俩离开我，原是常事，离开母亲，虽也有过一回，这回可是太长了；小小的心儿，知道是怎样忍耐那寂寞来着！

我的朋友大概都是爱孩子的。少谷有一回写信责备我，说儿女的吵闹，也是很有趣的，何至可厌到如我所说；他说他真不解。子恺为他家华瞻写的文章，真是"蔼然仁者之言"。圣陶也常常为孩子操心：小学毕业了，到什么中学好呢？——这样的话，他和我说过两三回了。我对他们只有惭愧！可是近来我也渐渐觉着自己的责任。我想，第一该将孩子们团聚起来，其次便该给他们些力量。我亲眼见过一个爱儿女的人，因为不曾好好地教育他们，便将他们荒废了。他并不是溺爱，只是没有耐心去料理他们，他们便不能成材了。我想我若照现在这样下去，孩子们也便危险了。我得计划着，让他们渐渐知道怎样去做人才行。但是要不要他们像我自己呢？这一层，我在白马湖教初中学生时，也曾从师生的立场上问过丏尊，他毫不踌躇地说，"自然啰。"近来与平伯谈起教子，他却答得妙，"总不希望比自己坏啰。"是的，只要不"比自己坏"就行，"像"不"像"倒是不在乎的。职业，人生观等，还是由他们自己去定的好；自己顶可贵，只要指导，帮助他们去发展自己，便是极贤明的办法。

予同说，"我们得让子女在大学毕了业，才算尽了责任。""不然，要看我们的经济，他们的材质与志愿；若是中学毕了业，不能或不愿升学，便去做别的事，譬如做工人吧，那也并非不行的。"自然，人的好坏与成败，也不尽靠学校教育；说是非大学毕业不可，也许只是我们的偏见。在这件事上，我现在毫不能有一定的主意；特别是这个变动不居的时代，知道将来怎样？好在孩子们还小，将来的事且等将来吧。目前所能做的，只是培养他们基本的力量——胸襟与眼光；孩子们还是孩子们，自然说不上高的远的，慢慢从近处小处下手便了。这自然也只能先按照我自己的样子："神而明之，存乎其人，"光辉也罢，倒霉也罢，平凡也罢，让他们各尽各的力去。我只希望如我所想的，从此好好地做一回父亲，便自称心满意。——想到那"狂人""救救孩子"的呼声，我怎敢不悚然自勉呢？（摘录自朱自清《儿女》）

 中文看打模拟试题三

　　"企业只有一项真正的资源——人。管理就是充分开发人力资源以做好工作"。

　　在报社媒体走向市场化的过程中，作为媒体生产要素之一的人力资源开发越发显得重要，没有一个打破身份界限、学历界限、资格界限的自由流动的人力资源市场，就没有真正的现代报业。笔者认为，目前转制为企业化管理的报社媒体构成了中国现代报业产业化发展的新型市场主体，而建立一个健康的报业人力资源市场，是这个新型市场主体腾飞不可或缺的要素。

　　所谓职业开发，是指企业为提高绩效和员工对职业的满意度，采用职业生涯设计、员工教育培训等措施，挖掘并提升员工的工作能力，协助员工进行恰当的职业选择，促进其职业生涯的发展，将目标和任务与员工的个人需要和职业抱负融为一体的全面过程或活动。

　　职业开发的内涵可以从三个方面把握：首先，职业开发是组织发出的行为活动，从根本上说，组织是职业开发的主体。其次，职业开发的价值在于它的双向性。一方面，它与员工个体的特征密切相关；另一方面，它又体现出组织的职业特性。再次，职业开发包含了一系列活动，如职业生涯设计、教育培训和评估激励活动等。

　　对于员工个人来说，通过职业开发不仅获得了更高的职位，更高的薪酬；通过职业开发还能最大限度地发挥自己的潜能，有效地实现自我价值。

　　对于企业来说，现在越来越多的企业开始和员工一起，共同制定职业发展道路，主要是因为，企业意识到了以下三点：

一、注重员工职业的开发是企业经久不衰的保证。二十一世纪是知识经济的时代，科技更新速度日益加快，使得企业间的竞争日益激烈。随着知识交替周期的缩短，当今企业的平均寿命也比三十年前缩短了几十年。企业要在激烈的竞争中站稳脚跟，就必须提高资源使用的效率。企业中的三大基本资源：人力资源、物力资源和财力资源中，只有"人"才是能动的、感性的、"软"的和"活"的。人力资源是一种可以不断开发并使其不断增值的增量资源。通过职业开发，能不断更新人的知识、技能，提高人的创造力，从而使无生命的资源充分地尽其所用，也只有通过职业开发，使员工不断地掌握新知识，创造新知识，企业才能在知识经济中把握先机。

二、重视员工职业的开发使企业能更好地达到目标。著名的心理学家马斯洛的需求层次理论可谓众所周知，在他看来，当人们获得了生理、安全和情感的需要的满足以后，就有追求自我实现的需求。进行职业开发，有利于增加员工在工作中的动力，有利于促使他们为实现自己的目标作出有意识的努力。当一个人对自己的职业有自己的目标和设想，并能按照这个设想完成自己的职业生涯时，他们就会有很高的成就感和满意度，从而激发员工更有效地工作。

二零零零年，新加坡在全国范围内开展了一次关于人力资源管理实践的抽样统计分析。它将员工的满意度和忠诚度定为衡量组织的人力资源管理成功与否的指标，并将人力资源管理实践分为相对独立的几个方面，包括薪酬与福利、绩效管理、工作分析、人力资源信息系统和职业开发、培训等。调查的目的在于通过客观的数据和统计分析，来确认哪些方面的人力资源管理实践对员工的满意度和忠诚度有影响。数据处理的过程是：对假设"这些不同方面的人力资源实践与员工的满意度与忠诚度是有关的"进行检验；根据抽样结果，针对每个方面的人力资源管理实践进行方差因素分析。最后得出的结论是：在置信度为百分之九十九点五的情况下，是职业开发而非薪酬福利会使员工的满意度和忠诚度增加。可见，职业开发这种既能满足员工较低层次的物质方面的需要，又使他们的自我实现等精神方面的高层次需要的满足度提高的人力资源管理实践，是当代组织吸引人才、留住人才、凝聚人才的根本保证。

三、员工职业的开发是企业资源合理配置的重要问题。正如世界上没有两片完全相同的叶子一样，企业中的员工也是各有特点，各有优势和劣势，了解员工的个性、能力、价值观、需要和工作经历是职业规划的基础，只有这样，员工才能找到适合他们的岗位，发挥出他们的特长，企业的人力资源也就得到了合理的配置。

报社实施员工职业开发的意义：减少报社人才过度外流。报社实施员工职业开发可以减少人才的过度外流。对优秀人才来说，他们最关心的是自己事业的发展，如果自己的才能能够得到应有的发挥，个人发展能够得到重视，他们就不会轻易地转换单位。目前报社媒体人才流动呈现增长趋势。一方面是因为传媒市场发展迅速，一方面是因为新办传媒不断涌现，报界年轻的人才流动越来越频繁，尤其是中层以下的青年编辑记者或市场开拓人员，似乎随时都在准备"跳槽"。人才流动对于任何行业都是好事，因为只有流动才有活力。但是，过度流动，却是不利于行业繁荣的，因为超出正常幅度的流动，就反映出浮躁与不稳定。因此，注重员工的职业发展，不断让员工承担具有挑战性的工作任务，并为他们的成长和发展创造机会的报社，才能使员工工作满意度增加并且留住人才和吸引人才。

职业开发有助于报社对员工职业生涯需求和个人特征的了解，促进报社与员工个人之间的沟通，改善报社运营环境，建立良好的组织气氛。通过对员工职业生涯需求和个人特征的了解，组织管理者可以：关注员工的职业规划进程，在企业中贯彻员工职业规划体系。评估员工所建立的职业目标的现实性。通过有效的沟通渠道了解员工的兴趣、爱好和追求，并对员工的能力、潜力进行评估，确定员工的职业目标是否现实。这一方面可以通过分析他们的教育背景、技能水平和以往工作经历的书面材料来完成。另一方面可以通过定期的绩效评估面谈得到。以职业发展为导向的企业往往也注重以职业发展为导向的工作绩效评估。管理者不仅仅评价雇员过去的工作绩效。相反，管理者会协助员工将员工的工作绩效、职业偏好和他们的发展需要以正式的职业规划的方式联系起来。

帮助员工分析企业中的职业发展机会，制定对企业和个人都有利的员工职业发展计划。员工职业规划的关键在于员工职业目标与现实可得机会的配合上。员工个人很难对环境和自身有很客观、正确的认识，所以需要员工的主管积极地参与到这个过程中去。

根据计划的实施情况以及员工和企业发生的变化，对员工的职业规划进行适当的修正。

增进报社组织运用人力资源的效能：借助系统的职业开发，能融合个人职业生涯需求与报社组织的目标，使报社的工作更具挑战性，为报社职员创造更多的职业机会和良好的工作氛围，使他们能安其位、伸其志、尽其才，在充分发展自己的同时，极大地促进组织效能的提高。

报社员工职业开发中存在的主要问题及原因分析：员工缺乏职业开发的创造性。在我国报业发展的进程中，人力资源管理主要是以传统的事业单位企业化管理的体制为主。在经济相对不发达的时代，一方面，作为事业单位的传媒单位有着相对稳定的工作机会，有保障的固定收入和较好的社会福利，社会地位较高，工作强度也不高。另一方面，报社在经营上实行企业化管理，政策许可报社有利润的情况下按照经营性企业发放有关奖金福利。伴随着经济的发展，报业呈现出了高速增长，报社有着较好的经济收入。这对于社会人才有着很高的诱惑力，但是事业单位企业化管理会使报社员工缺乏职业创造性。

事业单位是国家为了实现社会公益目的利用国有资产举办的《事业单位登记管理条例》（二零零四年修订），其目标是实现社会公益目的。因而事业单位的各种制度设计都是围绕这一目标进行的，包括人事制度的设计。在一般的事业单位，人力资源的配置、职业训练、薪酬规划以及评估标准都必须服从服务于组织既定的社会公益目标。在这种制度框架中，人的作用被弱化，对于职员来讲一般只要能够按照这个制度设计的程序完成要求你所做的工作即可，无所谓创造性。偏激地说，这样的制度害怕创造性，因为创造性可能破坏既有的规则，从而导致组织实现目标过程的失控。因此，守规矩是一般事业单位对职员最主要的要求。（摘录自史晨晙《浅谈报社员工职业的开发》）

中文看打模拟试题四

人民网二零零三年十二月十一日电，中国国务院总理温家宝十日在美国哈佛大学发表题为"把目光投向中国"的演讲。外交部网站公布了演讲全文："把目光投向中国"——在哈佛大学的演讲。

校长先生，女士们，先生们：衷心感谢萨莫斯校长的盛情邀请。

哈佛是世界著名的高等学府，精英荟萃，人才辈出。建校三百六十七年来，曾出过七位总统，四十多位诺贝尔奖获得者。这是你们的光荣。

今天，我很高兴站在哈佛讲台上同你们面对面交流。我是一个普通的中国人。我出生在一个教师家庭，有过苦难的童年，曾长期工作在中国艰苦地区。中国有二千五百个县（区），我去过一千八百个。我深爱着我的祖国和人民。

我今天演讲的题目是"把目光投向中国"。中美两国相隔遥远，经济水平和文化背景差异很大。但愿我的这篇讲演，能增进我们之间的相互了解。

要了解一个真实的、发展变化着的、充满希望的中国，就有必要了解中国的昨天、今天和明天。

昨天的中国，是一个古老并创造了灿烂文明的大国。大家知道，在人类发展史上，曾经出现过西亚两河流域的巴比伦文明，北非尼罗河流域的古埃及文明，地中海北岸的古希腊——罗马文明，南亚印度河流域的古文明，发源于黄河——长江流域的中华文明，等等。由于地震、洪水、瘟疫、灾荒，由于异族入侵和内部动乱，这些古文明，有的衰落了，有的消亡了，有的融入了其他文明。而中华文明，以其顽强的凝聚力和隽永的魅力，历经沧桑而完整地延续了下来。拥有五千年的文明史，这是我们中国人的骄傲。

中华民族的传统文化博大精深、源远流长。早在两千多年前，就产生了以孔孟为代表的儒家学说和以老庄为代表的道家学说，以及其他许多也在中国思想史上有地位的学说流派，这就是有名的"诸子百家"。从孔夫子到孙中山，中华民族传统文化有它的许多珍贵品，许多人民性和民主性的好东西。比如，强调仁爱，强调群体，强调和而不同，强调天下为公。特别是"天下兴亡、匹夫有责"的爱国情操，"民为邦本""民贵君轻"的民本思想，"己所不欲，勿施于人"的待人之道，吃苦耐劳、勤俭持家、尊师重教的传统美德，世代相传。所有这些，对家庭、国家和社会起到了巨大的维系与调节作用。

今年九月十日中国教师节，我专程到医院看望北京大学老教授季羡林。他已经九十二岁高龄，学贯中西，专攻东方学。我很喜欢读他的散文。我们在促膝交谈中，谈到近代有过"西学东渐"，也有过"东学西渐"。十七、十八世纪，当外国传教士把中国的文化典籍翻译成西文传到欧洲时，曾引起西方一批著名学者和启蒙思想家的极大兴趣。笛卡儿、莱伯尼兹、孟德斯鸠、伏尔泰、歌德、康德等，都对中国传统文化有过研究。

我年轻时读过伏尔泰的著作。他说过，作为思想家来研究这个星球的历史时，首先要把目光投向包括中国在内的东方。

非常有意思的是，一个半世纪前，贵国著名的哲学家、杰出的哈佛人——爱默生先生，也对中国的传统文化情有独钟。他在文章中摘引孔孟的言论很多。他还把孔子和苏格拉底、耶稣相提并论，认为儒家道德学说，"虽然是针对一个与我们完全不同的社会，但我们今天读来仍受益不浅。"

今天重温伏尔泰和爱默生这些名言，不禁为他们的睿智和远见所折服。今天的中国，是一个改革开放与和平崛起的大国。费正清先生关于中国人多地少有过这样的描述：美国一户农庄所拥有的土地，到了中国却居住着整整一个拥有数百人的村落。他还说，美国人尽管在历史上也曾以务农为本，但体会不到人口稠密的压力。

人多，不发达，这是中国的两大国情。中国有十三亿人口，不管多么小的问题，只要乘以十三亿，那就成为很大很大的问题；不管多么可观的财力、物力，只要除以十三亿，那就成为很低很低的人均水平。这是中国领导人任何时候都必须牢牢记住的。

解决十三亿人的问题，不能靠别人，只能靠自己。中华人民共和国成立以来，我们的建设取得了很大成就，同时也走了一些弯路，失去了一些机遇。从一九七八年开始改革开放，我们终于找到了一条发展自己的正确道路。这就是：中国人民独立自主地建设中国特色的社会主义。这条道路的精髓，就是调动一切积极因素，解放和发展生产力，尊重和保障中国人民追求幸福的自由。

中国的改革开放，从农村到城市，从经济领域到政治、文化、社会领域。它的每一步深入，说到底，都是为了放手让一切劳动、知识、技术、管理和资本的活力竞相迸发，让一切创造社会财富的源泉充分涌流。

中国在相当长时间内曾实行高度集中的计划经济体制。随着社会主义市场经济体制改革的深入和民主政治建设的推进，过去人们在择业、迁徙、致富、投资、资讯、旅游、信仰和选择生活方式等方面有形无形的不合理限制，被逐步解除。这就带来了前所未有的、广泛而深刻的变化。一方面，广大城乡劳动者的积极性得以释放，特别是数以亿计的农民得以走出传统村落，进入城市特别是沿海地区，数以千万计的知识分子聪明才智得到充分发挥；另一方面，规模庞大的国有资产得以盘活，数万亿元的民间资本得以形成，五千亿美元的境外资本得以流入。这种资本和劳动的结合，就在中国九百六十万平方公里的国土上，演进着人类历史上规模极为宏大的工业化和城市化。过去二十五年间，中国经济之所以按平均百分之九点四的速度迅速增长，其奥秘就在于此。（摘录自《温家宝总理哈佛演讲》）

 ## 中文看打模拟试题五

我家的后面有一个很大的园，相传叫做百草园。现在是早已并屋子一起卖给朱文公的子孙了，连那最末次的相见也已经隔了七八年，其中似乎确凿只有一些野草；但那时却是我的乐园。

不必说碧绿的菜畦，光滑的石井栏，高大的皂荚树，紫红的桑椹；也不必说鸣蝉在树叶里长吟，肥胖的黄蜂伏在菜花上，轻捷的叫天子（云雀）忽然从草间直窜向云霄里去了。单是周围的短短的泥墙根一带，就有无限趣味。油蛉在这里低唱，蟋蟀们在这里弹琴。翻开断砖来，有时会遇见蜈蚣；还有斑蝥，倘若用手指按住它的脊梁，便会拍的一声，从后窍喷出一阵烟雾。何首乌藤和木莲藤缠络着，木莲有莲房一般的果实，何首乌有臃肿的根。有人说，何首乌根是有像人形的，吃了便可以成仙，我于是常常拔它起来，牵连不断地拔起来，也曾因此弄坏了泥墙，却从来没有见过有一块根像人样。如果不怕刺，还可以摘到覆盆子，像小珊瑚珠攒成的小球，又酸又甜，色味都比桑椹要好得远。

长的草里是不去的，因为相传这园里有一条很大的赤练蛇。

长妈妈曾经讲给我一个故事听：先前，有一个读书人住在古庙里用功，晚间，在院子里纳凉的时候，突然听到有人在叫他。答应着，四面看时，却见一个美女的脸露在墙头上，向他一笑，隐去了。他很高兴；但竟给那走来夜谈的老和尚识破了机关。说他脸上有些妖气，一定遇见"美女蛇"了；这是人首蛇身的怪物，能唤人名，倘一答应，夜间便要来吃这人的肉的。他自然吓得要死，而那老和尚却道无妨，给他一个小盒子，说只要放在枕边，便可高枕而卧。他虽然照样办，却总是睡不着，——当然睡不着的。到半夜，果然来了，沙沙沙！门外像是风雨声。他正抖作一团时，却听得豁的一声，一道金光从枕边飞出，外面便什么声音也没有了，那金光也就飞回来，敛在盒子里。后来呢？后来，老和尚说，这是飞蜈蚣，它能吸蛇的脑髓，美女蛇就被它治死了。结末的教训是：所以倘有陌生的声音叫你的名字，你万不可答应他。

这故事很使我觉得做人之险，夏夜乘凉，往往有些担心，不敢去看墙上，而且极想得到一盒老和尚那样的飞蜈蚣。走到百草园的草丛旁边时，也常常这样想。但直到现在，总还没有得到，但也没有遇见过赤练蛇和美女蛇。叫我名字的陌生声音自然是常有的，然而都不是美女蛇。

冬天的百草园比较的无味；雪一下，可就两样了。拍雪人（将自己的全形印在雪上）和塑雪罗汉需要人们鉴赏，这是荒园，人迹罕至，所以不相宜，只好来捕鸟。薄薄的雪，是不行的；总须积雪盖了地面一两天，鸟雀们久已无处觅食的时候才好。扫开一块雪，露出地面，用一支短棒支起一面大的竹筛来，下面撒些秕谷，棒上系一条长绳，人远远地牵着，看鸟雀下来啄食，走到竹筛底下的时候，将绳子一拉，便罩住了。但所得的是麻雀居多，也有白颊的"张飞鸟"，性子很躁，养不过夜的。

这是闰土的父亲所传授的方法，我却不大能用。明明见它们进去了，拉了绳，跑去一看，却什么都没有，费了半天力，捉住的不过三四只。闰土的父亲是小半天便能捕获几十只，装在叉袋里叫着撞着的。我曾经问他得失的缘由，他只静静地笑道：你太性急，来不及等它走到中间去。

我不知道为什么家里的人要将我送进书塾里去了，而且还是全城中称为最严厉的书塾。也许是因为拔何首乌毁了泥墙罢，也许是因为将砖头抛到间壁的梁家去了罢，也许是因为站在石井栏上跳下来罢，都无从知道。总而言之：我将不能常到百草园了。我的蟋蟀们！我的覆盆子们和木莲们！

出门向东，不上半里，走过一道石桥，便是我的先生的家了。从一扇黑油的竹门进去，第三间是书房。中间挂着一块扁道：三味书屋；扁下面是一幅画，画着一只很肥大的梅花鹿伏在古树下。没有孔子牌位，我们便对着那扁和鹿行礼。第一次算是拜孔子，第二次算是拜先生。

第二次行礼时，先生便和蔼地在一旁答礼。他是一个高而瘦的老人，须发都花白了，还戴着大眼镜。我对他很恭敬，因为我早听到，他是本城中极方正、质朴、博学的人。

不知从哪里听来的，东方朔也很渊博，他认识一种虫，名曰"怪哉"，冤气所化，用酒一浇，就消释了。我很想详细地知道这故事，但阿长是不知道的，因为她毕竟不渊博。现在得到机会了，可以问先生。"先生，'怪哉'这虫，是怎么一回事？"我上了生书，将要退下来的时候，赶忙问。

"不知道！"他似乎很不高兴，脸上还有怒色了。我才知道做学生是不应该问这些事的，只要读书，因为他是渊博的宿儒，决不至于不知道，所谓不知道者，乃是不愿意说。年纪比我大的人，往往如此，我遇见过好几回了。

我就只读书，正午习字，晚上对课。先生最初这几天对我很严厉，后来却好起来了，不过给我读的书渐渐加多，对课也渐渐地加上字去，从三言到五言，终于到七言。

三味书屋后面也有一个园，虽然小，但在那里也可以爬上花坛去折腊梅花，在地上或桂花树上寻蝉蜕。最好的工作是捉了苍蝇喂蚂蚁，静悄悄地没有声音。然而同窗们到园里的太多，太久，可就不行了，先生在书房里便大叫起来：——"人都到哪里去了？"

人们便一个一个陆续走回去；一同回去，也不行的。他有一条戒尺，但是不常用，也有罚跪的规矩，但也不常用，普通总不过瞪几眼，大声道：——"读书！"

于是大家放开喉咙读一阵书，真是人声鼎沸。有念"仁远乎哉我欲仁斯仁至矣"的，有念"笑人齿缺曰狗窦大开"的，有念"上九潜龙勿用"的，有念"厥土下上上错厥贡苞茅橘柚"的……先生自己也念书。后来，我们的声音便低下去，静下去了，只有他还大声朗读着：——"铁如意，指挥倜傥，一座皆惊呢～～；金叵罗，颠倒淋漓噫，千杯未醉嗬～～"

我疑心这是极好的文章，因为读到这里，他总是微笑起来，而且将头仰起，摇着，向后面拗过去，拗过去。

先生读书入神的时候，于我们是很相宜的。有几个便用纸糊的盔甲套在指甲上做戏。我是画画儿，用一种叫做"荆川纸"的，蒙在小说的绣像上一个个描下来，像习字时候的影写一样。读的书多起来，画的画也多起来；书没有读成，画的成绩却不少了，最成片断的是《荡寇志》和《西游记》的绣像，都有一大本。后来，因为要钱用，卖给一个有钱的同窗了。他的父亲是开锡箔店的；听说现在自己已经做了店主，而且快要升到绅士的地位了。这东西早已没有了罢。（摘录自鲁迅《从百草园到三味书屋》）

 中文看打模拟试题六

瑞士有"欧洲的公园"之称。起初以为有些好风景而已；到了那里，才知无处不是好风景，而且除了好风景似乎就没有什么别的。这大半由于天然，小半也是人工。瑞士人似乎是靠游客活的，只看很小的地方也有若干若干的旅馆就知道。他们拼命地筑铁道通轮船，让爱逛山的爱游湖的都有落儿；而且车船两便，票在手里，爱怎么走怎么走。瑞士是山国，铁道依山而筑，隧道极少；所以老是高高低低，有时相差得很远的。还有一种爬山铁道，这儿特别多。狭狭的双轨之间，另加一条特别轨：有时是一个个方格儿，有时是一个个钩子；车底下带一种齿轮似的东西，一步步咬着这些方格儿、这些钩子，慢慢地爬上爬下。这种铁道不用说工程大极了；有些简直是笔陡笔陡的。

　　逛山的味道实在比游湖好。瑞士的湖水一例是淡蓝的，真正平得像镜子一样。太阳照着的时候，那水在微风里摇晃着，宛然是西方小姑娘的眼。若遇着阴天或者下小雨，湖上迷迷蒙蒙的，水天混在一块儿，人如在睡梦里。也有风大的时候；那时水上便皱起粼粼的细纹，有点像颦眉的西子。可是这些变幻的光景在岸上或山上才能整个儿看见，在湖里倒不能领略许多。况且轮船走得究竟慢些，常觉得看来看去还是湖，不免也腻味。逛山就不同，一会儿看见湖，一会儿不看见；本来湖在左边，不知怎么一转弯，忽然挪到右边了。湖上固然可以看山，山上还可看山，阿尔卑斯有的是重峦叠嶂，怎么看也不会穷。山上不但可以看山，还可以看谷；稀稀疏疏错错落落的房舍，仿佛有鸡鸣犬吠的声音，在山肚里，在山脚下。看风景能够流连低徊固然高雅，但目不暇接地过去，新境界层出不穷，也未尝不淋漓痛快；坐火车逛山便是这个办法。

　　卢参在瑞士中部，卢参湖的西北角上。出了车站，一眼就看见那汪汪的湖水和屏风般的青山，真有一股爽气扑到人的脸上。与湖连着的是劳思河，穿过卢参的中间。河上低低的一座古水塔，从前当做灯塔用；这儿称灯塔为"卢采那"，有人猜"卢参"这名字就是由此而出。这座塔低得有意思；依傍着一架曲了又曲的旧木桥，倒配了对儿。这架桥带顶，像廊子；分两截，近塔的一截低而窄，那一截却突然高阔起来，仿佛彼此不相干，可是看来还只有一架桥。不远儿另是一架木桥，叫鼋桥，因上有神鼋得名，曲曲的，也古。许多对柱子支着桥顶，顶底下每一根横梁上两面各钉着一大幅三角形的木板画，总名"死神的跳舞"。每一幅配搭的人物和死神跳舞的姿态都不相同，意在表现社会上各种人的死法。画笔大约并不算顶好，但这样上百幅的死的图画，看了也就够劲儿。过了河往里去，可以看见城墙的遗迹。墙依山而筑，蜿蜒如蛇；现在却只见一段一段的嵌在住屋之间。但九座望楼还好好的，和水塔一样都是多角锥形；多年的风吹日晒雨淋，颜色是黯淡得很了。

冰河公园也在山上。古代有一个时期北半球全埋在冰雪里，瑞士自然在内。阿尔卑斯山上积雪老是不化，越堆越多。在底下的渐渐地结成冰，最底下的一层渐渐地滑下来，顺着山势，往谷里流去。这就是冰河。冰河移动的时候，遇着夏季，便大量地溶化。这样溶化下来的一股大水，力量无穷；石头上一个小缝儿，在一个夏天里，可以让水冲成深深的大潭。这个叫磨穴。有时大石块被带进潭里去，出不来，便只在那儿跟着水转。初起有棱角，将潭壁上磨了许多道儿；日子多了，棱角慢慢光了，就成了一个大圆球，还是转着。这个叫磨石。冰河公园便以这类遗迹得名。大大小小的石潭，大大小小的石球，现在是安静了；但那粗糙的样子还能叫你想见多少万年前大自然的气力。可是奇怪，这些不言不语的顽石，居然背着多少万年的历史，比我们人类还老得多多；要没人卓古证今地说，谁相信。这样讲，古诗人慨叹"磊磊涧中石"，似乎也很有些道理在里头了。这些遗迹本来一半埋在乱石堆里，一半埋在草地里，直到一八七二年秋天才偶然间被发现。还发现了两种化石：一种上是些蚌壳，足见阿尔卑斯脚下这一块土原来是滔滔的大海。另一种上是片棕叶，又足见此地本有热带的大森林。这两期都在冰河期前，日子虽然更杳茫，光景却还能在眼前描画得出，但我们人类与那种大自然一比，却未免太微细了。

立矶山在卢参之西，乘轮船去大约要一点钟。去时是个阴天，雨意很浓。四周陡峭的青山的影子冷冷地沉在水里。湖面儿光光的，像大理石一样。上岸的地方叫威兹老，山脚下一座小小的村落，疏疏散散遮遮掩掩的人家，静透了。上山坐火车，只一辆，走得可真慢，虽不像蜗牛，却像牛之至。一边是山，太近了，不好看。一边是湖，是湖上的山；从上面往下看，山像一片一片儿插着，湖也像只有一薄片儿。有时窗外一座大崖石来了，便什么都不见；有时一片树木来了，只好从枝叶的缝儿里张一下。山上和山下一样，静透了，常常听到牛铃儿叮儿当的。牛带着铃儿，为的是跑到哪儿都好找。这些牛真有些"不知汉魏"，有一回居然挡住了火车；开车的还有山上的人帮着，吆喝了半天，才将它们哄走。但是谁也没有着急，只微微一笑就算了。山高五千九百零五英尺，顶上一块不大的平场。据说在那儿可以看见周围九百里的湖山，至少可以看见九个湖和无数的山峰。可是我们的运气坏，上山后云便越浓起来；到了山顶，什么都裹在云里，几乎连我们自己也在内。在不分远近的白茫茫里闷坐了一点钟，下山的车才来了。

交湖在卢参的东南。从卢参去，要坐六点钟的火车。车子走道勃吕尼山峡。这条山峡在瑞士是最低的，可是最有名。沿路的风景实在太奇了。车子老是挨着一边儿山脚下走，路很窄。那边儿起初也只是山，青青青青的。越往上走，那些山越高了，也越远了，中间豁然开朗，一片一片的谷，是从来没看见过的山水画。车窗里直望下去，却往往只见一丛丛的树顶，到处是深的绿，在风里微微波动着。路似乎颇弯曲的样子，一座大山峰老是看不完；瀑布左一条右一条的，多少让山顶上的云掩护着。清淡到像一些声音都没有，不知转了多少转，到勃吕尼了。这儿高三千二百九十六英尺，差不多到了这条峡的顶。从此下山，不远便是勃利安湖的东岸，北岸就是交湖了。车沿着湖走。太阳出来了，隔岸的高山青得出烟，湖水在我们脚下百多尺，闪闪的像珐琅一样。

交湖高一千八百六十六英尺，勃利安湖与森湖交会于此。地方小极了，只有一条大街；四围让阿尔卑斯的群峰严严地围着。其中少妇峰最为秀拔，积雪皑皑，高出云外。街北有两条小径。一条沿河，一条在山脚下，都以幽静胜。小径的一端，依着座小山的形势参差地安排着些别墅般的屋子。街南一块平原，只有稀稀的几个人家，显得空旷得不得了。早晨从旅馆的窗子看，一片清新的朝气冉冉地由远而近，仿佛在古时的村落里。街上满是旅馆和铺子；铺子不外卖些纪念品、咖啡、酒饭等等，都是为游客预备的；还有旅行社，更是的。这个地方简直是游客的地方，不像属于瑞士人。纪念品以刻木为最多，大概是些小玩意儿；是一种涂紫色的木头，虽然刻得粗略，却有气力。在一家铺子门前看见一个美国人在说，"你们这些东西都没有用处；我不欢喜玩意儿。"买点纪念品而还要考较用处。此君真美国得可以了。

从交湖可以乘车上少妇峰，路上要换两次车。在老台勃鲁能换爬山电车，就是下面带齿轮的。这儿到万根，景致最好看。车子慢慢爬上去，窗外展开一片高山与平陆，宽旷到一眼望不尽。坐在车中，不知道车子如何爬法；却看那边山上也有一条陡峻的轨道，也有车子在上面爬着，就像一只甲虫。到万格那尔勃可见冰川，在太阳里亮晶晶的。到小夏代格再换车，轨道中间装上一排铁钩子，与车底下的齿轮好咬得更紧些。这条路直通到少妇峰前头，差不多整个儿是隧道；因为山上满积着雪，不得不打山肚里穿过去。这条路是欧洲最高的铁路，费了十四年工夫才造好，要算近代顶伟大的工程了。

在隧道里走没有多少意思，可是哀格望车站值得看。那前面的看廊是从山岩里硬凿出来的。三个又高又大又粗的拱门般的窗洞，教你觉得自己藐小。望出去很远，五千九百零四英尺下的格林德瓦德也可见。少妇峰站的看廊却不及这里；一眼尽是雪山，雪水从檐上滴下来，别的什么都没有。虽在一万一千三百四十二英尺的高处，而不能放开眼界，未免令人有些怅怅。但是站里有一架电梯，可以到山顶上去。这是小小一片高原，在明西峰与少妇峰之间，三百二十英尺长，厚厚地堆着白雪。雪上虽只是淡淡的日光，乍看竟耀得人睁不开眼。这儿可望得远了。一层层的峰峦起伏着，有戴雪的，有不戴的；总之越远越淡下去。山缝里躲躲闪闪一些玩具般的屋子，据说便是交湖了。原上一头插着瑞士白十字国旗，在风里飒飒地响，颇有些气势。山上不时地雪崩，沙沙沙沙流下来像水一般，远看很好玩儿。脚下的雪滑极，不走惯的人寸步都得留神才行。少妇峰的顶还在二千三百二十五英尺之上，得凭着自己的手脚爬上去。

下山还在小夏代格换车，却打这儿另走一股道，过格林德瓦德直到交湖，路似乎平多了。车子绕明西峰走了好些时候。明西峰比少妇峰低些，可是大。少妇峰秀美得好，明西峰雄奇得好。车子紧挨着山脚转，陡陡的山势似乎要向窗子里直压下来，像传说中的巨人。这一路有几条瀑布；瀑布下的溪流快极了，翻着白沫，老像沸着的锅子。早九点多在交湖上车，回去是五点多。

司皮也兹是玲珑可爱的一个小地方；临着森湖，如浮在湖上。路依山而建，共有四五层，台阶似的。街上常看不见人。在旅馆楼上待着，远处偶然有人过去，说话声音听得清清楚楚的。傍晚从露台上望湖，山脚下的暮霭混在一抹轻蓝里，加上几星儿刚放的灯光，真有味。孟特罗的果子可可糖也真有味。日内瓦像上海，只湖中大喷水，高二百余英尺，还有卢棱岛及他出生的老屋，现在已开了古董铺的，可以看看。（摘录自朱自清《瑞士》）

 中文看打模拟试题七

这几天心里颇不宁静。今晚在院子里坐着乘凉，忽然想起日日走过的荷塘，在这满月的光里，总该另有一番样子吧。月亮渐渐地升高了，墙外马路上孩子们的欢笑，已经听不见了；妻在屋里拍着闰儿，迷迷糊糊地哼着眠歌。我悄悄地披了大衫，带上门出去。

沿着荷塘，是一条曲折的小煤屑路。这是一条幽僻的路；白天也少人走，夜晚更加寂寞。荷塘四面，长着许多树，蓊蓊郁郁的。路的一旁，是些杨柳，和一些不知道名字的树。没有月光的晚上，这路上阴森森的，有些怕人。今晚却很好，虽然月光也还是淡淡的。

路上只我一个人，背着手踱着。这一片天地好像是我的；我也像超出了平常的自己，到了另一世界里。我爱热闹，也爱冷静；爱群居，也爱独处。像今晚上，一个人在这苍茫的月下，什么都可以想，什么都可以不想，便觉是个自由的人。白天里一定要做的事，一定要说的话，现在都可不理。这是独处的妙处，我且受用这无边的荷香月色好了。

曲曲折折的荷塘上面，弥望的是田田的叶子。叶子出水很高，像亭亭的舞女的裙。层层的叶子中间，零星地点缀着些白花，有袅娜地开着的，有羞涩地打着朵儿的；正如一粒粒的明珠，又如碧天里的星星，又如刚出浴的美人。微风过处，送来缕缕清香，仿佛远处高楼上渺茫的歌声似的。这时候叶子与花也有一丝的颤动，像闪电般，霎时传过荷塘的那边去了。叶子本是肩并肩密密地挨着，这便宛然有了一道凝碧的波痕。叶子底下是脉脉的流水，遮住了，不能见一些颜色；而叶子却更见风致了。

月光如流水一般，静静地泻在这一片叶子和花上。薄薄的青雾浮起在荷塘里。叶子和花仿佛在牛乳中洗过一样；又像笼着轻纱的梦。虽然是满月，天上却有一层淡淡的云，所以不能朗照；但我以为这恰是到了好处——酣眠固不可少，小睡也别有风味的。月光是隔了树照过来的，高处丛生的灌木，落下参差的斑驳的黑影，峭楞楞如鬼一般；弯弯的杨柳的稀疏的倩影，却又像是画在荷叶上。塘中的月色并不均匀；但光与影有着和谐的旋律，如梵婀玲上奏着的名曲。

荷塘的四面，远远近近，高高低低都是树，而杨柳最多。这些树将一片荷塘重重围住；只在小路一旁，漏着几段空隙，像是特为月光留下的。树色一例是阴阴的，乍看像一团烟雾；但杨柳的丰姿，便在烟雾里也辨得出。树梢上隐隐约约的是一带远山，只有些大意罢了。

树缝里也漏着一两点路灯光，没精打采的，是渴睡人的眼。这时候最热闹的，要数树上的蝉声与水里的蛙声；但热闹是它们的，我什么也没有。

忽然想起采莲的事情来了。采莲是江南的旧俗，似乎很早就有，而六朝时为盛；从诗歌里可以约略知道。采莲的是少年的女子，她们是荡着小船，唱着艳歌去的。采莲人不用说很多，还有看采莲的人。那是一个热闹的季节，也是一个风流的季节。梁元帝《采莲赋》里说得好：于是妖童媛女，荡舟心许；鹢首徐回，兼传羽杯；櫂将移而藻挂，船欲动而萍开。尔其纤腰束素，迁延顾步；夏始春余，叶嫩花初，恐沾裳而浅笑，畏倾船而敛裾。可见当时嬉游的光景了。这真是有趣的事，可惜我们现在早已无福消受了。

于是又记起《西洲曲》里的句子：采莲南塘秋，莲花过人头；低头弄莲子，莲子清如水。今晚若有采莲人，这儿的莲花也算得"过人头"了；只不见一些流水的影子，是不行的。这令我到底惦着江南了。——这样想着，猛一抬头，不觉已是自己的门前；轻轻地推门进去，什么声息也没有，妻已睡熟好久了。（摘录自朱自清《河塘月色》）

梅雨潭是一个瀑布潭。仙瀑有三个瀑布，梅雨瀑最低。走到山边，便听见花花花花的声音；抬起头，镶在两条湿湿的黑边儿里的，一带白而发亮的水便呈现于眼前了。我们先到梅雨亭。梅雨亭正对着那条瀑布；坐在亭边，不必仰头，便可见它的全体了。亭下深深的便是梅雨潭。这个亭踞在突出的一角的岩石上，上下都空空儿的；仿佛一只苍鹰展着翼翅浮在天宇中一般。三面都是山，像半个环儿拥着；人如在井底了。这是一个秋季的薄阴的天气。微微的云在我们顶上流着；岩面与草丛都从润湿中透出几分油油的绿意。而瀑布也似乎分外的响了。那瀑布从上面冲下，仿佛已被扯成大小的几绺；不复是一幅整齐而平滑的布。岩上有许多棱角；瀑流经过时，作急剧的撞击，便飞花碎玉般乱溅着了。那溅着的水花，晶莹而多芒；远望去，像一朵朵小小的白梅，微雨似的纷纷落着。据说，这就是梅雨潭之所以得名了。但我觉得像杨花，格外确切些。轻风起来时，点点随风飘散，那更是杨花了。——这时偶然有几点送入我们温暖的怀里，便倏的钻了进去，再也寻它不着。

梅雨潭闪闪的绿色招引着我们；我们开始追捉她那离合的神光了。揪着草，攀着乱石，小心探身下去，又鞠躬过了一个石穹门，便到了汪汪一碧的潭边了。瀑布在襟袖之间；但我的心中已没有瀑布了。我的心随潭水的绿而摇荡。那醉人的绿呀，仿佛一张极大极大的荷叶铺着，满是奇异的绿呀。我想张开两臂抱住她；但这是怎样一个妄想呀。站在水边，望到那面，居然觉着有些远呢！这平铺着，厚积着的绿，着实可爱。她松松地皱缬着，像少妇拖着的裙幅；她轻轻地摆弄着，像跳动的初恋的处女的心；她滑滑地明亮着，像涂了"明油"一般，有鸡蛋清那样软，那样嫩，令人想着所曾触过的最嫩的皮肤；她又不杂些儿渣滓，宛然一块温润的碧玉，只清清的一色——但你却看不透她！我曾见过北京什刹海指地的绿杨，脱不了鹅黄的底子，似乎太淡了。我又曾见过杭州虎跑寺旁高峻而深密的"绿壁"，重叠着无穷的碧草与绿叶的，那又似乎太浓了。其余呢，西湖的波太明了，秦淮河的又太暗了。可爱的，我将什么来比拟你呢？我怎么比拟得出呢？大约潭是很深的，故能蕴蓄着这样奇异的绿；仿佛蔚蓝的天融了一块在里面似的，这才这般的鲜润呀。——那醉人的绿呀！我若能裁你以为带，我将赠给那轻盈的舞女；她必能临风飘举了。我若能挹你以为眼，我将赠给那善歌的盲妹；她必明眸善睐了。我舍不得你；我怎舍得你呢？我用手拍着你，抚摩着你，如同一个十二三岁的小姑娘。我又掬你入口，便是吻着她了。我送你一个名字，我从此叫你"女儿绿"，好么？（摘录自朱自清《绿》）

 中文看打模拟试题八

在遥远的古代，人们心中的美好愿望往往能够变成现实。就在那个令人神往的时代，曾经有过一位国王。国王有好几个女儿，个个都长得非常美丽；尤其是他的小女儿，更是美如天仙，就连见多识广的太阳，每次照在她脸上时，都对她的美丽感到惊诧不已。

国王的宫殿附近，有一片幽暗的大森林。在这片森林中的一棵老椴树下，有一个水潭，水潭很深。天热的时候，小公主常常来到这片森林，坐在清凉的水潭边上。她坐在那里感到无聊的时候，就取出一只金球，把它抛向空中，然后再用手接住。这成了她最喜爱的游戏。

不巧的是，有一次，小公主伸出两只小手去接金球，金球却没有落进她的手里，而是掉到了地上，而且滚到了水潭里。小公主两眼紧紧地盯着金球，可是金球忽地一下子在水潭里就没影儿了。因为水潭里的水很深，看不见底，小公主就哭了起来，她的哭声越来越大，哭得伤心极了。哭着哭着，小公主突然听见有人大声说："哎呀，公主，您这是怎么啦？您这样嚎啕大哭，就连石头听了都会心疼的呀。"听了这话，小公主四处张望，想弄清楚说话声是从哪儿传来的，不料却发现一只青蛙，从水里伸出他那丑陋不堪的肥嘟嘟的大脑袋。

　　"啊！原来是你呀，游泳健将，"小公主对青蛙说道，"我在这儿哭，是因为我的金球掉进水潭里去了。"

　　"好啦，不要难过，别哭了，"青蛙回答说，"我有办法帮助您。要是我帮您把您的金球捞出来，您拿什么东西来回报我呢？"

　　"亲爱的青蛙，你要什么东西都成啊，"小公主回答说，"我的衣服、珍珠和宝石，甚至我头上戴着的这顶金冠，都可以给你。"

　　听了这话，青蛙对小公主说："您的衣服、您的珍珠、您的宝石，还有您的金冠，我哪样都不想要。不过，要是您喜欢我，让我做您的好朋友，我们一起游戏，吃饭的时候让我和您同坐一张餐桌，用您的小金碟子吃东西，用您的小高脚杯饮酒，晚上还让我睡在您的小床上；要是您答应所有这一切的话，我就潜到水潭里去，把您的金球捞出来。"

　　"好的，太好了，"小公主说，"只要你愿意把我的金球捞出来，你的一切要求我都答应。"小公主虽然嘴上这么说，心里却想："这只青蛙可真够傻的，尽胡说八道！他只配蹲在水潭里，和其他青蛙一起呱呱叫，怎么可能做人的好朋友呢？"

　　青蛙得到了小公主的许诺之后，把脑袋往水里一扎，就潜入了水潭。过了不大一会儿，青蛙嘴里衔着金球，浮出了水面，然后把金球吐在草地上。小公主重又见到了自己心爱的玩具，心里别提有多高兴了。她把金球拣了起来，撒腿就跑。

　　"别跑！别跑！"青蛙大声叫道，"带上我呀！我可跑不了您那么快。"

尽管青蛙扯着嗓子拼命叫喊，可是没有一点儿用。小公主对青蛙的喊叫根本不予理睬，而是径直跑回了家，并且很快就把可怜的青蛙忘记得一干二净。青蛙只好蹦蹦跳跳地又回到水潭里去。

第二天，小公主跟国王和大臣们刚刚坐上餐桌，才开始用她的小金碟进餐，突然听见啪啦啪啦的声音。随着声响，有个什么东西顺着大理石台阶往上跳，到了门口时，便一边敲门一边大声嚷嚷："小公主，快开门！"听到喊声，小公主急忙跑到门口，想看看是谁在门外喊叫。打开门一看，原来是那只青蛙，正蹲在门前。小公主见是青蛙，猛然把门关上，转身赶紧回到座位，心里害怕极了。国王发现小公主一副心慌意乱的样子，就问她：

"孩子，你怎么会吓成这个样子？该不是门外有个巨人要把你抓走吧？"

"啊，不是的，"小公主回答说，"不是什么巨人，而是一只讨厌的青蛙。""青蛙想找你做什么呢？"

"唉！我的好爸爸，昨天，我到森林里去了。坐在水潭边上玩的时候，金球掉到水潭里去了，于是我就哭了。我哭得很伤心，青蛙就替我把金球捞了上来。因为青蛙请求我做他的朋友，我就答应了，可是我压根儿没有想到，他会从水潭里爬出来，爬这么远的路到这儿来。现在他就在门外呢，想要上咱这儿来。"正说着话的当儿，又听见了敲门声，接着是大声的喊叫：

"小公主啊我的爱，快点儿把门打开！爱你的人已到来，快点儿把门打开！你不会忘记昨天，老椴树下水潭边，潭水深深球不见，是你亲口许诺言。"

国王听了之后对小公主说，"你决不能言而无信，快去开门让他进来。"小公主走过去把门打开，青蛙蹦蹦跳跳地进了门，然后跟着小公主来到座位前，接着大声叫道，"把我抱到你身旁呀！"

　　小公主听了吓得发抖，国王却吩咐她照青蛙说的去做。青蛙被放在了椅子上，可心里不太高兴，想到桌子上去。上了桌子之后又说，"把您的小金碟子推过来一点儿好吗？这样我们就可以一块儿吃啦。"很显然，小公主很不情愿这么做，可她还是把金碟子推了过去。青蛙吃得津津有味，可小公主却一点儿胃口都没有。终于，青蛙开口说，"我已经吃饱了。现在我有点累了，请把我抱到您的小卧室去，铺好您的缎子被盖，然后我们就寝吧。"

　　小公主害怕这只冷冰冰的青蛙，连碰都不敢碰一下。一听他要在自己整洁漂亮的小床上睡觉，就哭了起来。

　　国王见小公主这个样子，就生气地对她说，"在我们困难的时候帮助过我们的人，不论他是谁，过后都不应当受到鄙视。"

　　于是，小公主用两只纤秀的手指把青蛙挟起来，带着他上了楼，把他放在卧室的一个角落里。可是她刚刚在床上躺下，青蛙就爬到床边对她说，"我累了，我也想在床上睡觉。请把我抱上来，要不然我就告诉您父亲。"

　　一听这话，小公主勃然大怒，一把抓起青蛙，朝墙上死劲儿摔去。"现在你想睡就去睡吧，你这个丑陋的讨厌鬼！"

　　谁知他一落地，已不再是什么青蛙，却一下子变成了一位王子：一位两眼炯炯有神、满面笑容的王子。直到这时候，王子才告诉小公主，原来他被一个狠毒的巫婆施了魔法，除了小公主以外，谁也不能把他从水潭里解救出来。于是，遵照国王的旨意，他成为小公主亲密的朋友和伴侣，明天，他们将一道返回他的王国。第二天早上，太阳爬上山的时候，一辆八骑马拉的大马车已停在了门前，马头上都插着洁白的羽毛，一晃一晃的，马身上套着金光闪闪的马具。车后边站着王子的仆人——忠心耿耿的亨利。亨利的主人被变成一只青蛙之后，他悲痛欲绝，于是他在自己的胸口套上了三个铁箍，免得他的心因为悲伤而破碎了。

马车来接年轻的王子回他的王国去。忠心耿耿的亨利扶着他的主人和王妃上了车厢，然后自己又站到了车后边去。他们上路后刚走了不远，突然听见噼噼啦啦的响声，好像有什么东西断裂了。路上，噼噼啦啦声响了一次又一次，每次王子和王妃听见响声，都以为是车上的什么东西坏了。其实不然，忠心耿耿的亨利见主人是那么地幸福，因而感到欣喜若狂，于是那几个铁箍就从他的胸口上一个接一个地崩掉了。（摘录自格林童话《青蛙王子》）

 中文看打模拟试题九

旧历的年底毕竟最像年底，村镇上不必说，就在天空中也显出将到新年的气象来。灰白色的沉重的晚云中间时时发出闪光，接着一声钝响，是送灶的爆竹；近处燃放的可就更强烈了，震耳的大音还没有息，空气里已经散满了幽微的火药香。我是正在这一夜回到我的故乡鲁镇的。虽说故乡，然而已没有家，所以只得暂寓在鲁四老爷的宅子里。他是我的本家，比我长一辈，应该称之曰"四叔"，是一个讲理学的老监生。他比先前并没有什么大改变，单是老了些，但也还未留胡子，一见面是寒暄，寒暄之后说我"胖了"，说我"胖了"之后即大骂其新党。但我知道，这并非借题在骂我：因为他所骂的还是康有为。但谈话是总不投机的了，于是不多久，我便一个人剩在书房里。

　　第二天我起得很迟，午饭之后，出去看了几个本家和朋友；第三天也照样。他们也都没有什么大改变，单是老了些；家中却一律忙，都在准备着"祝福"。这是鲁镇年终的大典，致敬尽礼，迎接福神，拜求来年一年中的好运气的。杀鸡，宰鹅，买猪肉，用心细细地洗，女人的臂膊都在水里浸得通红，有的还带着绞丝银镯子。煮熟之后，横七竖八地插些筷子在这类东西上，可就称为"福礼"了，五更天陈列起来，并且点上香烛，恭请福神们来享用，拜的却只限于男人，拜完自然仍然是放爆竹。年年如此，家家如此，——只要买得起福礼和爆竹之类的——今年自然也如此。天色愈阴暗了，下午竟下起雪来，雪花大的有梅花那么大，满天飞舞，夹着烟霭和忙碌的气色，将鲁镇乱成一团糟。我回到四叔的书房里时，瓦楞上已经雪白，房里也映得较光明，极分明地显出壁上挂着的朱拓的大"寿"字，陈抟老祖写的，一边的对联已经脱落，松松地卷了放在长桌上，一边的还在，道是"事理通达心气和平"。我又无聊赖地到窗下的案头去一翻，只见一堆似乎未必完全的《康熙字典》，一部《近思录集注》和一部《四书衬》。无论如何，我明天决计要走了。

　　况且，一直到昨天遇见祥林嫂的事，也就使我不能安住。那是下午，我到镇的东头访过一个朋友，走出来，就在河边遇见她；而且见她瞪着的眼睛的视线，就知道明明是向我走来的。我这回在鲁镇所见的人们中，改变之大，可以说无过于她的了：五年前的花白的头发，即今已经全白，全不像四十上下的人；脸上瘦削不堪，黄中带黑，而且消尽了先前悲哀的神色，仿佛是木刻似的；只有那眼珠间或一轮，还可以表示她是一个活物。她一手提着竹篮。内中一个破碗，空的；一手拄着一支比她更长的竹竿，下端开了裂：她分明已经纯乎是一个乞丐了。

然而我的惊惶却不过暂时的事，随着就觉得要来的事，已经过去，并不必仰仗我自己的"说不清"和他之所谓"穷死的"的宽慰，心地已经渐渐轻松；不过偶然之间，还似乎有些负疚。晚饭摆出来了，四叔俨然地陪着。我也还想打听些关于祥林嫂的消息，但知道他虽然读过"鬼神者二气之良能也"，而忌讳仍然极多，当临近祝福时候，是万不可提起死亡疾病之类的话的，倘不得已，就该用一种替代的隐语，可惜我又不知道，因此屡次想问，而终于中止了。我从他俨然的脸色上，又忽而疑他正以为我不早不迟，偏要在这时候来打搅他，也是一个谬种，便立刻告诉他明天要离开鲁镇，进城去，趁早放宽了他的心。他也不很留。这样闷闷地吃完了一餐饭。

冬季日短，又是雪天，夜色早已笼罩了全市镇。人们都在灯下匆忙，但窗外很寂静。雪花落在积得厚厚的雪褥上面，听去似乎瑟瑟有声，使人更加感得沉寂。我独坐在发出黄光的菜油灯下，想，这百无聊赖的祥林嫂，被人们弃在尘芥堆中的，看得厌倦了的陈旧的玩物，先前还将形骸露在尘芥里，从活得有趣的人们看来，恐怕要怪讶她何以还要存在，现在总算被无常打扫得干干净净了。魂灵的有无，我不知道；然而在现世，则无聊生者不生，即使厌见者不见，为人为己，也还都不错。我静听着窗外似乎瑟瑟作响的雪花声，一面想，反而渐渐地舒畅起来。

　　然而先前所见所闻的她的半生事迹的断片，至此也联成一片了。

　　她不是鲁镇人。有一年的冬初，四叔家里要换女工，做中人的卫老婆子带她进来了，头上扎着白头绳，乌裙，蓝夹袄，月白背心，年纪大约二十六七，脸色青黄，但两颊却还是红的。卫老婆子叫她祥林嫂，说是自己母家的邻舍，死了当家人，所以出来做工了。四叔皱了皱眉，四婶已经知道了他的意思，是在讨厌她是一个寡妇。但是她模样还周正，手脚都壮大，又只是顺着眼，不开一句口，很像一个安分耐劳的人，便不管四叔的皱眉，将她留下了。试工期内，她整天地做，似乎闲着就无聊，又有力，简直抵得过一个男子，所以第三天就定局，每月工钱五百文。

　　大家都叫她祥林嫂；没问她姓什么，但中人是卫家山人，既说是邻居，那大概也就姓卫了。她不很爱说话，别人问了才回答，答的也不多。直到十几天之后，这才陆续地知道她家里还有严厉的婆婆，一个小叔子，十多岁，能打柴了；她是春天没了丈夫的；他本来也打柴为生，比她小十岁：大家所知道的就只是这一点。

　　日子很快地过去了，她的做工却毫没有懈，食物不论，力气是不惜的。人们都说鲁四老爷家里雇着了女工，实在比勤快的男人还勤快。到年底，扫尘，洗地，杀鸡，宰鹅，彻夜地煮福礼，全是一人担当，竟没有添短工。然而她反满足，口角边渐渐地有了笑影，脸上也白胖了。

　　但有一年的秋季，大约是得到祥林嫂好运的消息之后的又过了两个新年，她竟又站在四叔家的堂前了。桌上放着一个荸荠式的圆篮，檐下一个小铺盖。她仍然头上扎着白头绳，乌裙，蓝夹袄，月白背心，脸色青黄，只是两颊上已经消失了血色，顺着眼，眼角上带些泪痕，眼光也没有先前那样精神了。而且仍然是卫老婆子领着，显出慈悲模样，絮絮地对四婶说：

"这实在是叫做'天有不测风云'，她的男人是坚实人，谁知道年纪轻轻，就会断送在伤寒上？本来已经好了的，吃了一碗冷饭，复发了。幸亏有儿子；她又能做，打柴摘茶养蚕都来得，本来还可以守着，谁知道那孩子又会给狼衔去的呢？春天快完了，村上倒反来了狼，谁料到？现在她只剩了一个光身了。大伯来收屋，又赶她。她真是走投无路了，只好来求老主人。好在她现在已经再没有什么牵挂，太太家里又凄巧要换人，所以我就领她来。——我想，熟门熟路，比生手实在好得多。"

"我真傻，真的，"祥林嫂抬起她没有神采的眼睛来，接着说。"我单知道下雪的时候野兽在山坳里没有食吃，会到村里来；我不知道春天也会有。我一清早起来就开了门，拿小篮盛了一篮豆，叫我们的阿毛坐在门槛上剥豆去。他是很听话的，我的话句句听；他出去了。我就在屋后劈柴，淘米，米下了锅，要蒸豆。我叫阿毛，没有应，出去看，只见豆撒得一地，没有我们的阿毛了。他是不到别家去玩的；各处去一问，果然没有。我急了，央人出去寻。直到下半天，寻来寻去寻到山坳里，看见刺柴上挂着一只他的小鞋。大家都说，糟了，怕是遭了狼了。再进去；他果然躺在草窠里，肚里的五脏已经都给吃空了，手上还紧紧的捏着那只小篮呢。"她接着但是呜咽，说不出成句的话来。

四婶起刻还踌躇，待到听完她自己的话，眼圈就有些红了。她想了一想，便叫拿圆篮和铺盖到下房去。卫老婆子仿佛卸了一肩重担似地嘘一口气，祥林嫂比初来时候神气舒畅些，不待指引，自己驯熟地安放了铺盖。她从此又在鲁镇做女工了。

她像是受了炮烙似地缩手，脸色同时变作灰黑，也不再去取烛台，只是失神地站着。直到四叔上香的时候，叫她走开，她才走开。这一回她的变化非常大，第二天，不但眼睛窈陷下去，连精神也更不济了。而且很胆怯，不独怕暗夜，怕黑影，即使看见人，虽是自己的主人，也总惴惴的，有如在白天出穴游行的小鼠，否则呆坐着，直是一个木偶人。不半年，头发也花白起来了，记性尤其坏，甚而至于常常忘却了去掏米。

"祥林嫂怎么这样了？倒不如那时不留她。"四婶有时当面就这样说，似乎是警告她。

然而她总如此，全不见有伶俐起来的希望。他们于是想打发她走了，叫她回到卫老婆子那里去。但当我还在鲁镇的时候，不过单是这样说；看现在的情状，可见后来终于实行了。然而她是从四叔家出去就成了乞丐的呢，还是先到卫老婆子家然后再成乞丐的呢？那我可不知道。

我给那些因为在近旁而极响的爆竹声惊醒，看见豆一般大的黄色的灯火光，接着又听得毕毕剥剥的鞭炮，是四叔家正在"祝福"了；知道已是五更将近时候。我在蒙胧中，又隐约听到远处的爆竹声联绵不断，似乎合成一天音响的浓云，夹着团团飞舞的雪花，拥抱了全市镇。我在这繁响的拥抱中，也懒散而且舒适，从白天以至初夜的疑虑，全给祝福的空气一扫而空了，只觉得天地圣众歆享了牲醴和香烟，都醉醺醺地在空中蹒跚，豫备给鲁镇的人们以无限的幸福。（摘录自鲁迅《祝福》）

中文看打模拟试题十

二十五年间中国创造的巨大财富，不仅使十三亿中国人基本解决了温饱，基本实现了小康，而且为世界发展作出了贡献。中国所有这些进步，都得益于改革开放，归根到底来自于中国人民基于自由的创造。我清醒地认识到，在中国现阶段，相对于有限的资源和短缺的资本，劳动力的供应是十分充裕的。不切实保护广大劳动者特别是进城农民工的基本权利，他们就有可能陷于像狄更斯、德莱塞小说所描写的那种痛苦境地。不切实保护公民的财产权利，就难以积累和吸引宝贵的资本。

因此，中国政府致力于两个保护：一个是保护劳动者的基本权利；一个是保护财产权利，既要保护公有财产，又要保护私人财产。关于这一点，中国的法律已经作出明确规定，并付诸实施。

中国的改革开放正是为了推动中国的人权进步，两者是相互依存、相互促进的。改革开放为人权进步创造了条件，人权进步为改革开放增添了动力。如果把两者割裂开来，以为中国只注意发展经济而忽视人权保护，这种看法不符合实际。正如贵国前总统罗斯福曾指出的"真正的个人自由，在没有经济安全和独立的情况下，是不存在的"，"贫者无自由"。

我并不认为，今天中国的人权状况是尽善尽美的。对人权方面存在的这样那样的弊端和消极现象，中国政府一直认真努力加以克服。

在中国，把发展、改革和稳定三者结合起来，具有极端的重要性和艰巨性。百闻不如一见。只要朋友们到中国实地看一看，对改革开放以来中国的人权进步和中国政府为保障人权所作的艰苦努力，就会有客观的理解和认识。

中国是个发展中的大国。我们的发展，不应当也不可能依赖外国，必须也只能把事情放在自己力量的基点上。这就是说，我们要在扩大对外开放的同时，更加充分和自觉地依靠自身的体制创新，依靠开发越来越大的国内市场，依靠把庞大的居民储蓄转化为投资，依靠国民素质的提高和科技进步来解决资源和环境问题。中国和平崛起发展道路的要义就在于此。

当然，中国仍然是一个发展中国家。城市和农村、东部和西部存在着明显发展差距。如果你们到中国东南沿海城市旅行，就会看到高楼林立、车流如织、灯火辉煌的现代景观。但是，在我国农村特别是中国西部农村还有不少落后的地方。在那些贫穷的偏僻山村，人们还在使用人力和畜力耕作，居住的是土坯房，大旱之年人畜饮水十分困难。古诗云："衙斋卧听萧萧竹，疑是民间疾苦声"。作为中国的总理，每念及还有三千万万农民同胞没有解决温饱，还有二千三百万领取最低生活保障金的城镇人口，还有六千万需要社会帮助的残疾人，我忧心如焚、寝食难安。中国要达到发达国家水平，还需要几代人、十几代人甚至几十代人的长期艰苦奋斗。

明天的中国，是一个热爱和平和充满希望的大国。中华民族历来酷爱和平。二千年前，秦始皇修筑的长城是防御性的。一千年前，唐朝开辟通向西域的丝绸之路，是为了把丝绸、茶叶、瓷器等销往世界。五百年前，明朝著名的外交家和航海家郑和七下西洋，是为了同友邦结好，带去了精美的产品和先进的农业、手工业技术。正如俄罗斯伟大文学家托尔斯泰所说，中华民族是"最古老的民族，最大的民族"，"世界上最酷爱和平的民族"。

近代以来，由于封建王朝愚昧、腐败和闭关锁国，导致社会停滞、国力衰竭，列强频频入侵。中华民族尽管灾难深重、饱受凌辱，但始终自强不息、愈挫愈奋。一个民族在灾难和挫折中学到的东西，会比平时多得多。

中国已经制订了实现现代化的"三步走"战略。从现在起到二零二零年，中国要全面实现小康。到二零四九年，也就是中华人民共和国成立一百周年的时候，我们将达到世界中等发达国家的水平。我们清醒地估计到，在前进的道路上还要克服许许多多可以想见的和难以预料的困难，迎接各种各样严峻的挑战。我们不能不持有这样的危机感。当然，中国政府和中国人民有足够的信心，励精图治，艰苦奋斗，排除万难，实现我们的雄心壮志。这是因为：

当今世界的潮流是要和平、要发展。中国的发展正面临非常难得的战略机遇期。我们已下定决心，争取和平的国际环境和稳定的国内环境，集中精力发展自己，又以自己的发展促进世界的和平与发展。

中国坚持的是充满生机和活力的社会主义。社会主义是大海，大海容纳百川，永不枯竭。我们立足国情，大胆推进改革开放，勇于吸收人类一切优秀文明成果来充实自己。一个善于自我调整、自我完善的社会主义，其生机和活力是无限的。

改革开放二十五年来已积累起一定的物质基础，中国经济在世界已占有一席之地。中国亿万人民追求幸福、创造财富的积极性，乃是推进国家现代化取之不尽、用之不竭的巨大力量。

中华民族具有极其深厚的文化底蕴。"和而不同"，是中国古代思想家提出的一个伟大思想。和谐而又不千篇一律，不同而又不彼此冲突；和谐以共生共长，不同以相辅相成。用"和而不同"的观点观察、处理问题，不仅有利于我们善待友邦，也有利于国际社会化解矛盾。女士们、先生们：

加深理解是相互的。我希望美国青年把目光投向中国，也相信中国青年会进一步把目光投向美国。

美国是一个伟大的国家。从移民时代开始，美利坚民族的顽强意志和拓荒气概，务实和创新精神，对知识的尊重和人才的吸纳，科学和法治传统，铸就了美国的繁荣。美国人民在遭受"九一一"恐怖袭击时所表现出来的镇定、互助和勇气，令人钦佩。

进入二十一世纪，人类面临的经济和社会问题更加复杂。文化因素将在新的世纪里发挥更加重要的作用。不同民族的语言各不相同，而心灵情感是相通的。不同民族的文化千姿百态，其合理内核往往是相同的，总能为人类所传承。各民族的文明都是人类智慧的成果，对人类进步作出了贡献，应该彼此尊重。人类因无知或偏见引起的冲突，有时比因利益引起的冲突更可怕。我们主张以平等和包容的精神，努力寻找双方的共同点，开展广泛的文明对话和深入的文化交流。

贵国著名诗人梅尔维尔在《麦尔文山》中曾这样写道："无论世界怎样变化，树木逢春便会绿叶招展"。

青年代表着国家和世界的未来。面对新世纪中美关系的广阔前景，我希望两国青年更加紧密地携起手来！

女士们，先生们：中华民族的祖先曾追求这样一种境界："为天地立心，为生民立命，为往圣继绝学，为万世开太平"。今天，人类正处在社会急剧大变动的时代，回溯源头，传承命脉，相互学习，开拓创新，是各国弘扬本民族优秀文化的明智选择。我呼吁，让我们共同以智慧和力量去推动人类文明的进步与发展。我们的成功将承继先贤，泽被后世。这样，我们的子孙就能生活在一个更加和平、安定和繁荣的世界里。我坚信，这样一个无限光明、无限美好的明天，必将到来！谢谢诸位。（摘录自《温家宝总理哈佛演讲》）

 中文看打模拟试题十一（第四届极品飞手海峡两岸赛题目）

研究制订《国家中长期教育改革和发展规划纲要》，是本届政府必须着力做好的一件大事。当前，在应对国际金融危机对我国经济的冲击，促进经济平稳较快发展的关键时期，把教育摆在突出位置，既有紧迫性，又有深远意义。

教育是国家发展的基石。当今世界，知识成为提高综合国力和国际竞争力的决定性因素，人力资源成为推动经济社会发展的战略性资源，人才培养与储备成为各国在竞争与合作中占据制高点的重要手段。我国是人口大国，教育振兴直接关系国民素质的提高和国家振兴。只有一流的教育，才有一流的国家实力，才能建设一流国家。

教育事关民族兴旺、人民福祉和国家未来。当前，我国现代化建设面临许多困难，国际金融危机的蔓延和加剧，使我国的外部需求急剧减少，长期制约我国经济发展的体制性、结构性矛盾更加突出，经济增长方式粗放，人口、资源、环境压力越来越大。保持经济平稳较快发展，推动产业结构升级，转变经济发展方式，建设资源节约型和环境友好型社会，必须紧紧依靠科技进步和提高劳动者素质。发展文化、科技、教育、卫生等社会事业，推进民主法制建设和社会公平正义，同样需要培养大批高素质的各类人才。

教育事业涉及千家万户，关乎群众切身利益。为群众提供公平的受教育机会，满足群众对发展教育的期望，推动教育在更高的起点上实现更大的发展，切实解决人民群众极为关注的"上学难、上好学"的问题，这是人民的需要，也是经济社会发展的要求。

党中央、国务院历来高度重视教育事业发展。1985 年中央下发了《关于教育体制改革的决定》，提出普及九年义务教育的目标。1993 年，中央下发《中国教育改革和发展纲要》。1995 年，中央提出实施科教兴国战略。党的十六大以来，中央始终把教育放在优先发展的战略地位，提出实施人才强国战略，并采取了一系列重大举措。党的十七大对优先发展教育，建设人力资源强国提出了新任务新要求。现在，根据中央的总体部署，结合当前教育事业发展的实际，有必要制定教育中长期改革和发展规划。这是进入 21 世纪以来我国第一个教育规划，制订一个让人民群众满意，符合中国国情和时代特点的规划，对我国教育事业的发展乃至整个现代化事业具有重大意义。

我们要制定的规划是指导未来 12 年教育改革和发展的纲领性文件，必须与经济社会发展的总体规划相适应，体现全局性、宏观性、长远性和战略性。规划主要对 2009 年到 2020 年教育改革和发展做出安排。这12年也要分阶段规划，远期的目标和措施要与全面建设小康社会对教育的要求联系起来考虑；近期可以规划得细一些，与教育"十一五"规划相衔接，保持教育改革和发展的系统性、连续性。但是，教育改革和发展的许多工作不能等规划全做好了才进行。有些看准了的事情，可以先行试点，试验成功了立即实行。这也是我们这次制定规划的一个特点。

指导思想是制定规划的主线，也是灵魂。根据中国特色社会主义理论和党的教育方针，我提出若干方面请大家考虑：第一，要坚持面向未来、面向世界、面向现代化。"三个面向"归根到底就是要赶上时代的要求，这是我国教育发展的方向。要立足于我国实现现代化的需求，从我国教育的实际出发，办出具有中国特色、中国风格、中国气派的现代化教育，这些就要对教育改革和发展进行超前安排。要瞄准世界教育发展变革的前沿，借鉴世界先进的教育理念和教育经验，紧密结合我国教育实际，按照教育发展的规律办事。要把教育的改革发展放在我们正在实现工业化、城镇化的背景下和全面建设小康社会的大局中谋划，充分考虑国家现代化总体布局对人力资源开发和人才培养的需要，充分考虑国家未来人口发展和学龄人口的结构变化，使规划更好地服务于经济社会发展和创新型国家建设。第二，要坚持改革创新精神。同经济体制改革相比，我国社会事业改革相对滞后。教育要发展，根本靠改革。教育规划要成为一个改革创新的规划，必须坚持解放思想，大胆突破，勇于创新。要树立先进的教育理念，冲破传统观念和体制的束缚，在办学体制、教学内容、教育方法、评价方式等多方面进行大胆探索。第三，要坚持教育优先发展的战略。教育兴国、教育立国、教育强国都是国家意志。把教育摆在优先发展的战略地位，是我国现代化建设需要长期坚持的方针，必须在教育规划中得到充分体现。第四，要坚持以人为本的核心要求。充分考虑群众的期盼，把促进教育公平，满足人民群众不断增长的多层次、多样化的教育需求作为规划的重点，把促进人的全面发展，办人民满意的教育作为规划的落脚点。第五，要坚持立足基本国情。既要看到我国经济总体实力在不断壮大，又要正视人均水平还比较低，贫富差距大，城乡、地区发展不平衡；既要看到现代经济和城市人口对教育的较高需求，又要重视农村教育和中低收入群体的实际情况，还必须充分考虑我国人口众多、现阶段农村人口大规模迁徙和流动的特征。

教育规划要有总体规划，又要有分类规划。总体规划主要是以普及教育、提高国民素质为核心，确定到 2020 年我国教育改革与发展的指导思想、战略目标、总体任务和重大政策措施，对教育规模、结构、质量等提出具体要求。分类规划主要是根据经济社会发展和建设创新型国家的需要，综合考虑人口结构、产业结构和就业结构的新特点，提出各级各类教育改革与发展的具体目标和政策措施。每个分类规划是总体规划中有特色的一部分，包括对大学、中学、小学、职业教育、学前教育、终身教育、民办教育等发展，都要分门别类地作出专题性的规划，规划要有战略思想和宏观思路，也要有实实在在的政策措施，增强可操作性。

在制定规划的过程中需要对一些重大问题进行深入系统研究，给予明确的回答。

关于义务教育的问题。要把义务教育办好，提高学生的学习质量。对目前社会反映义务教育中优质教育资源分布不均衡的问题，要找准症结所在，提出解决问题的思路和措施。我非常赞同教育资金的多样化来源，在全社会崇文重教要利用全社会的资源，这项工作我们也可以列入规划。我们说企业家身上要流淌着道德的血液，他的收益回报社会最好是投资教育。我们讲教育公平，教育公平指的是人人都有上学的机会。孔夫子说"有教无类"，有教无类就是教育公平。收入不公平会影响人的一时，但是教育不公平会影响人的一生。必须注意的是，我们要重视教育资源的公平，但不能把学校办成千篇一律，千人一面，学校还是要有自己的特色，自己的风格。要进一步完善义务教育保障机制，把农村义务教育作为重中之重。2008 年，中央财政用于教育保障机制改革的资金达到 570.4 亿元。自"两免一补"以后，2007 年又大幅度增加奖助学金经费。从高中阶段教育到大学教育，过去全国奖助学金加在一起仅有 18 亿，2008 年将达到 200 亿元左右，今后还要逐年增加。对义务教育，我理解不单是个免费的问题，它从社会学、教育学上来讲，带有强制的含义，就是具有制度性，既是国家的责任，也是公民的义务。要加大对贫困学生的扶持力度，高度重视流动人口子女的义务教育问题，把有限的国家财力多用在最困难的孩子们身上。还要研究如何办好高中阶段教育的问题。

第二，关于农村教育问题。我们要加大对农村教育的扶持力度。发展农村教育要重视两点：一是要在教育改革和发展中，实行城乡统筹，把农村教育放在重要地位。解决农村教育的问题，必须改善农村的教学条件，包括校舍、设备、远程教育。所有学校的建筑，都要建设最安全的，也就是让群众最放心、让家长最放心、让学生最安心的地方。这就需要加大投入。2007 年至 2008 年，我们用于全国农村中小学校校舍维修改造资金共达 268 亿元。要认真总结这几年危房改造工程及校舍维修改造机制实施的情况，在落实国家关于扩大内需的重大措施时，要制定和完善中小学校校舍建设的规划。二是要下决心解决农村教育缺乏的问题。农村教师在农村教育中起着关键作用，农村教师当前所面临的最大问题，一个是待遇问题、一个是素质问题。当然，这两个问题也是相互联系的。待遇问题，工资、职称、住房这些都应该逐步加以解决和提高。从 2009 年元月 1 日起，在义务教育学校实施绩效工资制度，这将涉及公办义务教育学校 1037 万人，必须及时研究和妥善处理实施中出现的问题，把这项工作认真搞好。提高农村教师的素质，就得号召并有具体政策引导大学生、师范生到农村去任教。有个现象值得我们注意，过去我们上大学的时候，班里农村的孩子几乎占到 80%，甚至还要高，现在不同了，农村学生的比重下降了。这是我常想的一件事情。本来经济社会发展了，农民收入逐步提高了，农村孩子上学的机会多了，但是他们上高职、上大学的比重却下降了。这有多方面原因，要认真分析研究，关键是要缩小城乡差距，推进城乡统筹。很多名人都是苦出身和从农民中来的。农村学校教育条件差，但是农村的孩子们素质并不差，同样能够成才。我们现在农村教师队伍整体素质还比较低。在这次教学改革和发展规划当中，要特别重视提高农村教师的素质。

中文看打模拟试题十二（第四届极品飞手海峡两岸赛题目）

第三，关于职业教育问题。大力发展职业教育，既是经济发展的需要，也是促进社会公平的需要。我国是一个有十三亿人口的大国，职业教育很重要，应该搞得更好。在整个教育结构和教育布局当中，必须把职业教育摆到更加突出、更加重要的位置。这样做有利于缓解当前技能型、应用型人才紧缺的矛盾，也有利于农村劳动力转移和扩大社会就业。特别是农民工已经成为我国产业工人的重要组成部分，这是我国工业化、城镇化进程的特点，要重视农民工培训。真正重视职业教育还是近几年的事情。国家确实把它放在重要位置。就拿奖助学金来讲，我们把最好的待遇给了职业教育。职业教育的根本目的是让人学会技能和本领，从而能够就业，能够生存，能够为社会服务。从这一点来说，职业教育是面向人人的教育，是面向整个社会的教育。职业教育面向的不仅是服务业，还有工业、农业。比如说数控机床的操作，那得需要职业教育的培训。现在我们要注意的是职业教育的规模、学科的设置，需要和社会需求相吻合，因为它是面向整个社会的，所以又应该和社会发展相协调。我国的职业教育和发达国家的差距较大。问题在什么地方？一方面要转变社会观念。社会上有些人不把职业教育当作正规教育，认为上了职业学校低了一等。另一方面也要研究具体的引导办法，增强职业教育的吸引力，包括加大职业教育投入，逐步对农村职业教育实施免费政策。提高技能型人才的社会地位和收入，合理确定中职和高职的比例，做到合理、适度、协调、可持续。职业教育管理体制要认真研究，充分调动行业、企业、学校兴办职业教育的积极性。

第四，关于高等教育问题。从长远看，我们不仅要不断扩大高等教育的规模，满足群众对高等教育的需求，更重要的是要提高高等教育质量，把提高高等教育的质量摆在更加突出的位置。高等学校改革和发展归根到底是多出拔尖人才、一流人才、创新人才。高校办得好坏，不在规模大小，关键是要办出特色，形成自己的办学理念和风格。要对学科布局、专业设置、教学方法进行改革，引导高等学校适应就业市场和经济社会发展需求，调整专业和课程设置。建立和完善高等教育质量保障体系，推动高效科技创新、学术发展与人才培养紧密结合。要借鉴国外先进经验，结合我国实际创造性地加以运用，加强高水平大学建设，建成若干国际一流大学，为国家培养更多的高质量、多样化的创新型人才。

　　第五，关于教学改革问题。对于教学改革，教师、学生包括家长都反映强烈，希望课程设置更贴近学生的实际，贴近社会的实际，要求减轻学生负担。其实，教学不光是课程的改革，应该是整个教学的改革，课程是其中的一部分，而且是很重要的一部分。现在，在教学中我们比较注重认知，认知是教学的一部分，就是学习。在认知方法上我们还有缺陷，主要是灌输。其实，认知应该是启发，教学生学会如何学习，掌握认知的手段，而不仅在知识的本身。学生不仅要学会知识，还要学会动手，学会动脑，学会做事，学会生存，学会与别人共同生活，这是整个教育和教学改革的内容。解放学生，不是不去管他们，让他们去玩，而是给他们留下了解社会的时间，留下思考的时间，留下动手的时间。我最近常思考，从自己的经历感受到，有些东西单从老师那里是学不来的，就是人的思维、人的理想、人的创造精神、人的道德准则。这些，学校给予的是启蒙教育，但更重要的要靠自己学习。学和思的结合，行和知的结合，对于学生来讲非常重要，人的理想和思维，老师是不能手把手教出来的，而恰恰理想和思维决定人的一生。教学改革还要回到学、思、知、行这四个方面的结合，就是学思要联系，知行要统一。我一直信奉这样一句话："教是为了不教"。不在于老师是一个多么伟大的数学家或文学家，而是老师能给学生以启蒙教育，教他们学会思考问题，然后用他们自己的创造思维去学习，终身去学习。

要围绕加强素质教育、多出人才，转变教育观念，深化教育改革。要认真思考我们为什么培养不出更多的杰出人才？从而对教育体制、办学模式以及小学、中学、大学的教学改革进行深入研究，整体谋划。教育的根本任务应该是培养人才，人才培养观念更新和培养模式创新要成为规划的亮点。要注重培养学生的社会责任感、实践能力和创造精神，注重培养复合型人才。文理科差别不要搞得太大，学理工的应该关心社会，提高人文素养；学文科的应该加强自然科学知识学习，提高科学素养。

第六，关于探索适应各类学校的办学体制问题。教育方针、教育体制、教育布局和教育投入，属于国家行为，应该由国家负责。具体到每个学校如何办好，还是应该由学校负责、校长负责。不同类型学校的领导体制和办学模式应有所不同，要尊重学校的办学自主权。教育事业还是应该由懂教育的人办。毛主席讲，办好一所学校，关键是校长和教师。要造就一批教育家，倡导教育家办学。我们有许多优秀的科学家，受到社会的尊重。我们更需要大批的教育家，他们同样应该受到社会的尊重。要加快民办教育发展，满足不同社会群体多样化的教育需求。

第七，关于教师的培养问题。百年大计，教育为本，教育大计，教师为本。有好的老师，才能有好的教育。要建设一支献身教育的高素质教师队伍。教育规划要把加强教师队伍建设作为一个重要内容，要采取有力措施吸引全社会最优秀的人才来当老师，提高教师队伍特别是农村教师的整体素质。要创造一种社会氛围，让尊师爱生的传统美德在社会蔚然成风。中华民族素有尊师重教的优良传统，在老师面前，做学生的不论走到哪里，做出什么业绩，对老师的感激和爱戴之情永远不会改变。对老师来讲，没有爱就没有教育，"学为人师，行为世范"。这两者必须结合，这和我们的宣传很有关系。按说，一个孩子成为一个有用的人，最难忘的应该是老师，特别是启蒙教育的老师。

长期以来我国广大教师，特别是广大农村和边远贫困地区的教师，在艰苦清贫的条件下，恪尽职守，默默耕耘，为祖国的教育事业无私奉献，涌现出了许多可歌可泣的先进人物，充分体现了陶行知先生当年倡导的"捧着一颗心来，不带半根草去"的崇高精神。这种平凡而伟大的精神，永远值得我们学习和发扬。我想借这个机会，也给老师提几点希望：一要志存高远，爱国敬业。人民教师的神圣职责就是传授知识，传承民族精神，弘扬爱国主义，为祖国和人民培养合格的人才。教师要忠诚于人民教育事业，以培育人才，发展先进文化和推进社会进步为己任，积极引导和帮助青少年树立正确的世界观、人生观。二要为人师表，教书育人。教书者必先强己，育人者必先律己，教师的道德品质和人格对学生有重要的影响。教师要注重言教，更要注重身教。教师的日常工作虽然是平凡的，但教育工作的意义却是不平凡的。教师应该自觉地加强道德修养，率先垂范，既要有脚踏实地、乐于奉献的工作态度，又要有淡泊明志、甘为人梯的精神境界。

 中文看打模拟试题十三（第四届极品飞手海峡两岸赛题目）

温家宝在北京三十五中的讲话：教育大计教师为本

　　新华社北京 10 月 11 日电

教育大计教师为本

温家宝

（2009 年 9 月 4 日）

　　老师们好，今天上午，我在三十五中初二（5）班听了 5 堂课，中午和同学们一起吃了饭。下午和老师们座谈，听取意见。国务院有关部门的负责同志也来了。在教师节前夕，我用整整一个上午听 5 堂课，一方面，用这种方式表示对老师们的尊重；另一方面，想深入地了解一些教学的真实情况。再过几天就是教师节了，我首先向全国广大教师致以节日的祝贺和诚挚的问候。

　　今天主要是听老师们的发言。为了使会议开得活泼一些，在大家发言之前，我想对上午 5 堂课做个点评，互相切磋。如果说得不对，请你们批评。

　　第一堂听的是数学课。这堂数学课主要是讲三角形全等的判定，老师讲清了概念，这非常重要，基础课必须给学生以清楚的概念。她还讲了三角形全等的四种条件，以及两边一角全等的几种情况。老师在讲这个内容的时候，用的是启发式教学，也就是启发同学来回答。老师在问到学生如何丈量夹角的度数时，同学们回答了好几种，比如量角器、圆规、尺子。我觉得这堂课贯穿着不仅要使学生懂得知识还要学会应用的理念。最后老师提出两边夹一角的判定方案，也就是SAS 判定方案，并且举出两个实例让学生思考，一是做一个对称的风筝，这个对称的风筝实际上是两边夹一角的全等三角形；二是一个水坑要测量中间距离，水坑进不去，是应用全等三角形的概念——对应边相等，用这个概念通过全等三角形把这个边引出来。这两个例子都是联系实际教学生解决问题。所以这堂数学课概念清楚、启发教育、教会工具、联系实际，说明我们数学的教学方法有很大的改进。总的看这堂课是讲得好的，但是我也提一点不成熟的意见：我觉得 40分钟的课包容的量还可以大一点，就是说，一堂课只教会学生三角形全等判定，内容显得单薄了一些，还可以再增加一点内容。

　　第二堂听的是语文课。老师讲的是《芦花荡》，在座的可能有不少老师讲过，我过去也读过，但今天和学生们一起读，觉得别有一番新意。缺点是开始没把作者的简要情况给同学们介绍。既然是讲《芦花荡》，作者又是孙犁，是中国现代的著名作家，他曾经写过什么著作，有过什么主要经历，我觉得有必要给学生讲讲，但是老师没有讲，也许是上堂课已经讲过或下堂课要讲。孙犁是河北安平人，他一直在白洋淀一带生活，1937 年参加抗日，所以他才能写出像《芦花荡》和《荷花淀》这样的文章。讲作者的经历是为了让学生知道作品源于生活。孙犁于 1937 年冬参加抗日工作以后，到过延安，然后陆续发表了反映冀中特别是白洋淀地区的优秀短篇小说，其中像《荷花淀》、《芦花荡》都受到好评。但我紧接着就有一个惊喜，这是我过去上学时没有过的，就是老师让学生用 4 分钟的时间把 3300 字的文章默读完，我觉得这是对学生速读的训练，是对学生能力的锻炼。她不仅要求学生专心，而且要求学生具有一定的阅读能力。我们常讲人要多读一点书，有些书是要精读的，也就是说不止读一遍，而要两遍、三遍、四遍、五遍地经常读。但有些书是可以快速翻阅的。默读是我听语文课第一次见到的一种教学方法，而且是有时间要求的。我发现学生们大多数都读完了，或许他们事先有预习，或许他们真有这个能力。紧接着老师又叫学生概括主要故事情节，这是锻炼学生的概括能力，我以为非常重要。3300 字的文章要把它概括成为 3 句话：护送女孩、大菱受伤、痛打鬼子。要有一定的逻辑性，要抓住文章的核心，这不容易。我上学时最大的收获在于逻辑思维训练，至今受益不浅。这种方法就是训练学生的逻辑思维和概括能力。紧接着老师又要求学生通过时间、地点、人物、起因、经过、结果来懂得写人和写事，这里既贯穿着认知，又贯穿着思考和提升。老师特别重视人物的描写，因为孙犁这篇东西用非常质朴的语言写了一个性格鲜明的抗日老人，其中我记得最清楚的是四个字：自尊自信，这是他人格的魅力。因为他能够在十分困难的情况下表现出镇定，当他认为这件事情做得不好时又十分懊丧。语文教师还让学生进行了朗诵。我以为语文教学朗诵非常重要，它是培养学生口才的一条重要渠道。如果我们引申开来，由逻辑思维到渊博的知识到一种声情并茂的朗诵就是一篇很好的演讲，需要从小锻炼。老师特别重视对学生进行爱国主义教育，讲到课文的高潮时，她讲这位老人智勇双全，爱憎分明，老当益壮，点出老人的爱国情怀，然后概括出老头子最大的特点是抗战英雄，人民抗战必胜，伟大的中国人民是不可战胜的，讲到这堂课的中心思想是要热爱祖国。这样，就把课文的内容升华了。

　　第三堂听的是走进研究性学习课。这是我从来没听过的课。听了课我懂了，其实是开阔学生的思维，用我们可以经常接触到的一些事情来深究科学的原理，提出问题，独立思考。这堂课老师讲的是"教室"，就是要建一座好的"教室"应具备哪些条件。学生纷纷回答，几乎我想到的他们都谈到了，从窗户到门，从隔音到节材。最后，老师把它概括为四个方面，叫做你想研究什么问题——研究"教室"；怎么开展研究——研究"教室"的方方面面；和谁一起研究——老师和同学；怎样表达研究成果——把学生的经历、实践和参与结合在一起。但我坐在课堂上就在想，非常重要的一点学生们却没想到，就教室而言，建筑安全应是第一位的。学生没想到，教师也没想到。经济适用都想了，但是安全没想到，也就是说学生没有想到防震知识，这算个缺点吧？这堂课讲得还是不错的，比如教室的设备甚至深入到多媒体，投影、摄影头，节能深入到节能材料，深入到经济上的性价比。还有一点，就是老师提问时，一个学生说我喜欢岩石，想研究岩石，这个学生也可能不知道老师备课的内容是要讲"教室"，但是老师很快把他的问题扭过去了，因为这堂课不是这个主题。这里反映出一个问题，就是教这堂课要求老师的知识非常渊博，学生爱好涉及的是大自然，老师讲的是"教室"，而对学生好奇的大自然应该给予积极回应。对学生的回答，老师应因势利导，问他看过多少种岩石，知道名字吗？老师就可以讲岩石的分类：沉积岩、岩浆岩、火山岩，启发学生热爱岩石，从而热爱地质。我不是让老师把原来备课的内容改变，而是因为学生想听的是大自然，老师要讲小空间，用简练的语言和提问的方式回答大自然的问题是必要的，而且并不困难。最后，老师展示了这个学校的研究成果，35 中做过园林研究，做过抗紫外线的研究，做过冬小麦的研究，做过城门与城墙的研究，做过节水灌溉的研究，做过环境因素和生物的研究，还有很多学生获奖。这是一堂很好的课，但老师可以更放开一些，不要求老师是万能的，老师可以把学生提出的问题带回去思考，下次再给他们解答。

第四堂听的是地理课。老师用提问的方法，问学生暑假到过哪些地方。我真没想到学生到过那么多地方，不仅是国内，而且到过国外。我仔细翻了课本。这门课把我们过去的地理与自然地理合并了，甚至扩展到把地理、地质、气象、人文结合起来，是一本综合教材，可能现在学地理的时间要比过去少了。但是讲华北一下子我就听糊涂了，因为课本讲的既不是自然分界，又不是经济分区，也不是行政分区，华北怎么把陕西、甘肃和宁夏包括进去了？课本对中国区域划分的依据不足，无论是自然的、经济的还是历史沿革的划分都没能讲清楚，有的是错误的。此外，课本关于中国的区域差异一章就讲了中国的五大区域，即华北、青藏、沿海、港澳和台湾，这就更不全面了。我赞成把地理、地质和气候结合起来，这就如同把人与自然、环境结合起来一样。过去大学的地质地理系就包含这三个方面。已故的刘东生院士之所以在研究黄土高原方面取得很大成就，获得国家最高科技奖，主要是两方面原因：一是因为中国有世界上最厚、面积最大的黄土层，这给他提供了有利的研究条件；另一个原因是他对地理、地貌、地质和气候的关系，特别是黄土的成因以及黄土形成与气候变化的关系研究得很深。我赞成编写教材时把这几方面结合起来，但要把基本概念讲清楚。现在孩子们见识很广，他们到过很多地方，老师讲得也很好。课本要保持严谨规范和学术的百家争鸣，使学生从本质上理解地理学真正的科学内涵。

最后我听了一堂音乐课，应该说是欣赏了一堂音乐课。老师很活泼，这堂课先是播放了迈克尔·杰克逊的《我们同属一个世界》，这堂课的主题是让世界充满爱。我对音乐是门外汉，但是我边听边感到这是一堂艺术熏陶课，对孩子是艺术的熏陶，也可以说是堂美学课。美学是什么？大概中学没开过这门课。中国研究美学有名的是朱光潜先生。美学从大的方面讲就是真善美，就是世界事物的真善美，这就是那首歌的真谛。因此听完课我就即席讲了一篇话，我说没有爱就没有教育，没有爱就没有一切。一堂音乐课让孩子们通过唱歌来懂得人世间的爱，懂得人世间的真善美。其次是人们的心底。孩子们都有心理活动，就是孩子们心底都有知、情、义。这就要求学生要有爱心，懂得爱父母、爱老师、爱家乡、爱祖国。在河南南阳我给学生们在黑板上题词就是三句话：爱父母，爱老师，爱南阳。我认为这是思想教育，孩子们记得清清楚楚。人最起码的爱就是这些，爱父母爱老师爱家乡，再归结起来就是爱祖国了。所以这就要求学生有爱心，懂得爱同学、爱老师、爱父母、爱家乡、爱祖国。这就要求学生有好奇心。好奇心是什么？就是追求真知。钱学森是大科学家，但很少人知道他是画家。他从小就受艺术的熏陶。大家都知道李四光是地质学家，但很少人知道他是我国第一首小提琴协奏曲的作者。钱老曾经亲口对我说，我现在的科学成就和小时候学美术、学音乐、学文学是分不开的。因此他提倡学理科、工科的也要学艺术，学艺术的也要学工科、学理科。他在被授予功勋科学家时的即席讲话说："我有一半的功劳要归功于我的夫人。"他夫人蒋英是钢琴家。我对他夫人说，你的艺术对他的科学工作很有启发。追求真知，辨别真伪，寻求真理，趋善避恶，为民造福，应该是美学教育的内容。我们要求学生做一个全面发展的人，就应该在这些方面都具备一定的知识，具备一定的爱好。上午听课时我也服从音乐老师的命令做了游戏，感觉和孩子们在一起非常幸福。我对孩子们说我爱你们，我祝福你们。

 中文看打模拟试题十四（第四届极品飞手海峡两岸赛题目）

（听了教师代表发言后）

刚才，几位老师的发言都很好。下面，我讲几点意见。

当前，我国教育改革和发展正处在关键时期。应该肯定，新中国成立 60 年来我国教育事业有了很大发展，无论是在学生的就学率还是在教育质量上，都取得了巨大成绩，这些成绩是不可磨灭的。但是，为什么社会上还有那么多人对教育有许多担心和意见？应该清醒地看到，我们的教育还不适应经济社会发展的要求，不适应国家对人才培养的要求。任继愈老先生 90 岁生日时，我给他送了一个花篮祝寿，他给我回了一封信，这不是感谢信，而是对教育的建议信。我坦率告诉大家，他对我国教育的现状有一种危机感，他尖锐地指出了教育存在的一些问题。我多次看望钱学森先生，给他汇报科技工作，他对科技没谈什么意见，他说你们做的都很好，我都赞成。然后，他转过话题就说，为什么现在我们的学校总是培养不出杰出人才？这句话他给我讲过五六遍。最近这次我看他，我认为是他头脑最清楚的一次，他还在讲这一点。我理解，他讲的杰出人才不是我们说的一般人才，而是像他那样有重大成就的人才。如果拿这个标准来衡量，我们这些年甚至建国以来培养的人才尤其是杰出人才，确实不能满足国家的需要，还不能说在世界上占到应有的地位。最近，为应对国际金融危机，英国首相布朗作了一次科技报告，他一开始就讲，英国这样一个不大的国家仅剑桥大学就培养出 80 多位诺贝尔奖获得者，这是值得自豪的。他认为应对这场危机最终起决定作用的是科技，是人才和人的智慧。其实，我们的学生也是很优秀的，在各种国际比赛当中经常名列前茅，许多到国外留学的学生学习成绩也很好。我们出去这么多留学生，也成长了一批人才，充实了各行各业，但确实很少有像李四光、钱学森、钱三强那样的世界著名人才。每每想到这些，我又感到很内疚。这就是为什么我们在形势很好的时候，还要制定《国家中长期教育改革和发展规划纲要》的原因。

　　老师们都很辛苦，特别是从事基础教育的老师。老师们承担着教育的重任。百年大计，教育为本；教育大计，教师为本。如果说教育是国家发展的基石，教师就是基石的奠基者。国家的兴衰、国家的发展系于教育。只有一流的教育才有一流的人才，才能建设一流的国家。我曾经引用过"教师是太阳底下最光辉的职业"这句话，这是 17 世纪捷克的大教育家夸美纽斯讲的。俄国的化学家门捷列夫也说过："教育是人类最崇高、最神圣的事业，上帝也要低下至尊的头，向她致敬！"可以说，无论一个人的地位有多高、贡献有多大，都离不开老师的教育和启迪，都凝结了老师的心血和汗水，在老师面前永远是学生。国家各项事业的发展需要大批的人才，同样也离不开教育和老师的培养。我们国家大约有 1600 万教育工作者，其中中小学教师 1200 万。长期以来，广大教师牢记自己的神圣使命，兢兢业业，默默耕耘，培养了一批又一批优秀人才，为我国教育事业和现代化建设做出了突出贡献，这种不计名利、甘为人梯，成功不必在我、奋斗当以身先的精神，充分体现了中国知识分子以天下为己任的崇高境界。

这里，我想着重谈一下提高教育质量和水平问题。教育的根本任务是培养人才，特别是要培养德智体美全面发展的高素质人才。从国内外的比较看，中国培养的学生往往书本知识掌握得很好，但是实践能力和创造精神还比较缺乏。这应该引起我们深入的思考，也就是说我们在过去相当长的一段时间里比较重视认知教育和应试的教学方法，而相对忽视对学生独立思考和创造能力的培养。应该说，我们早就看到了这些问题，并且一直在强调素质教育。但是为什么成效还不够明显？我觉得要培养全面发展的优秀人才，必须树立先进的教育理念，敢于冲破传统观念的束缚，在办学体制、教学内容、教育方法、评价方式等方面进行大胆的探索和改革。我们需要由大批有真知灼见的教育家来办学，这些人应该树立终身办学的志向，不是干一阵子而是干一辈子，任何名利都引诱不了他，把自己完全献身于教育事业。我们正在研究制定的《国家中长期教育改革和发展规划纲要》，就是想通过改革来努力解决教育中存在的问题。这里，我想提四点要求供大家参考：

教育要符合自身发展规律的要求。陶行知先生说："教是为了不教。"就是说要注重启发式教育，激发学生的学习兴趣，创造自由的环境，培养学生创新的思维，教会学生如何学习，不仅学会书本的东西，特别要学会书本以外的知识。我曾经把学、思、知、行这四个字结合起来，提出作为教学的要求，也就是说要做到学思的联系、知行的统一，使学生不仅学到知识，还要学会动手，学会动脑，学会做事，学会思考，学会生存，学会做人。

第二，教育要符合时代发展的要求。我们说教育要面向未来、面向世界、面向现代化，归根到底就是要与时俱进，赶上时代发展的步伐，办出具有中国特色、中国风格、中国气派的现代化教育。这就要求我们必须放眼看世界，牢牢把握社会发展和科技进步的潮流，学习和借鉴人类优秀的文明成果。同时，也要深深地懂得中国，结合中国的实际和国情，推进教育改革、优化教学结构、更新教学内容、改进教学方式。

第三，教育要符合建设中国特色社会主义对人才的要求。改革开放和经济社会发展不仅需要各种各样的人才，而且对人才的要求越来越高。要立足于现代化建设对人才的实际需要，不断调整专业设置和课程设计，努力培养创新型、实用型和复合型人才，同时要加强爱国主义和理想信念教育，培养学生增强社会责任感，报效祖国，服务社会。

第四，教育要符合以人为本的要求。学校要坚持"以人为本"的办学理念，以"依靠人、为了人、服务人"为基本出发点，尊重学生、关爱学生、服务学生，发现和培养学生的兴趣和特长，塑造学生大爱、和谐的心灵。前两年我到医院看望季羡林先生，他对我说，讲和谐还要讲人的自我和谐，要使人对自己的认识符合客观实际，适应社会的要求，正确对待金钱名利，正确对待进退，正确对待荣辱，这才能和谐起来。

最后我想对老师提点要求。教师的日常工作既平凡又不平凡，教师不是雕塑家，却塑造着世界上最珍贵的艺术品。广大教师应当成为善良的使者，挚爱的化身，做品格优秀、业务精良、职业道德高尚的教育工作者。

一要充满爱心，忠诚事业。"没有爱心就没有教育"，这是实验二小霍懋征老师的话。她念念不忘的就是希望拍一部反映老师教书育人的爱心和奉献精神的电影或电视剧。我在这里也大声呼吁，希望能有更多描写老师的影视作品。当一名教师，首先要是一个充满爱心的人，把追求理想、塑造心灵、传承知识当成人生的最大追求。要关爱每一名学生，关心每一名学生的成长进步，努力成为学生的良师益友，成为学生健康成长的指导者和引路人。

二要努力钻研、学为人师。当今时代知识更新换代的周期越来越短，每个人都需要不断学习才能适应工作要求。教师是知识的传播者和创造者，更要不断地用新的知识充实自己。要想给学生一杯水，自己必须先有一桶水。教师只有学而不厌，才能做到诲人不倦。广大教师要崇尚科学精神，严谨笃学，做热爱学习、善于学习和重视学习的楷模。要如饥似渴地学习新知识、新科学、新技能，不断提高教学质量和教书育人的本领。要积极投身教学改革，把最先进的方法、最现代的理念、最宝贵的知识传授给学生。刚才座谈时有的老师提到要给教师创造培训的条件，我完全赞成。要建立包括脱岗轮训、带薪培训的制度，当然要讲求实效，把好事真正办好。

三要以身作则，行为世范。教育是心灵与心灵的沟通，灵魂与灵魂的交融，人格与人格的对话。不久前有一个学生给我写了一封信，他提到：现在青年学生自杀的很多，小小年纪厌世甚至走上绝路，总理能否在 9 月 1 日开学时专门和学生在网上对话，告诉学生要珍惜生命，热爱生活。他所说的事虽然是极个别，但必须引起重视。教师个人的范例对于学生心灵的健康和成长是任何东西都不可能代替的最灿烂的阳光。好的老师是孩子最信任的人，有些话甚至不对父母讲也愿意跟老师讲，老师能帮助他解决思想问题包括实际问题，做到这一点不容易，没有爱心是不可能的。惟有教师人格的高尚，才可能有学生心灵的纯洁。教书者必先强己，育人者必先律己。我们不仅要注重教书，更要注重育人；不仅要注重言传，更要注重身教。广大教师要自觉加强师德修养，坚持以德立身、自尊自律，以自己高尚的情操和良好的思想道德风范教育和感染学生，以自身的人格魅力和卓有成效的工作赢得社会的尊重。

全社会要弘扬尊师重教的良好风尚。一个国家有没有前途，很大程度上取决于这个国家重视不重视教育；一个国家重视不重视教育，首先要看教师的社会地位。要注意提高教师特别是中小学教师的待遇。从今年起，在国家财政比较困难的情况下，按教师平均工资水平不低于当地公务员平均工资水平的原则，实行义务教育阶段教师绩效工资制度。中央财政今年已准备 120 亿元，全国计算大概是 370 亿元。这不是简单的涨工资，应该把薪酬待遇和个人工作成效密切挂钩。这是对教师辛勤劳动的尊重。我们要继续发扬中华民族尊师重教的优良传统，不断提高教师的政治地位、社会地位和生活待遇，把广大教师的积极性、主动性、创造性更好地发挥出来。各级政府都要满腔热忱地支持和关心教育工作，积极改善教师的工作和生活条件，吸引和鼓励高素质人才从事教育事业，尤其是到基层、农村和边疆地区任教。中小学教师非常重要，有些国家让最优秀的人教小学。要像尊重大学教授一样尊重中小学教师。要大力宣传教育战线的先进事迹，特别是终身从事中小学教育事业的典型，营造良好的舆论氛围，让尊师重教蔚然成风，让教师成为全社会最受人尊敬、最值得羡慕的职业。

（今年教师节前夕，温家宝总理到北京市第三十五中学看望师生。上午听了 5 节课，下午同北京市部分中小学教师座谈。本文是他对听课的点评和在听了教师代表发言后的讲话。）

PART 3

中文听打教学篇

当用户中文输入的平均速度可达 30 字/分以上时（中文看打：一般级），便可以词→短句→文章循序渐进地开始培养中文听打的能力，刚开始边听边打会觉得有些吃力，但只要继续练习并提高打字的正确率，听打的速度自然会提高。

3-1　中文听打简介
3-2　中文听打测验系统

※因本书篇幅关系，仅附部分试题，若要完整题库内容，请参考电子资料包中的[中文听打]文件夹收录的完整题库内容。用户可以自行以记事本打开和打印试题。

3-1 中文听打简介

　　e 时代企业最爱的专业人才培育方案是多媒体「中文听打」专业课程规划。中文听打课程的参考学习时数、内容说明、项目等如表 3-1 所示。

表 3-1　中文听打课程的设置

项　　目	参考学习时数	内 容 说 明	中文看打及听打测验题库
暖身功夫	1	训练学生每分钟至少达 20 字以上（中文看打：一般级）	共有 30 题题库供练习
入门练习	3	按照词→短句→文章方式循序渐进让学生习惯听打	
初级练习	3	由短句到包含标点符号的段落练习	
高级练习	5	段落设计，反复练习	
实战练习	5	以文稿练习	
出人头地	1	参加认证	
合　　计	18	你成功了！	

3-1-1　听打能力训练秘诀

　　（1）先安装中文看打系统，利用系统先训练学生中文看打，当每分钟至少 30 字以上时，即可进入听打的训练阶段。

　　（2）将中文听打系统安装好，此系统练习类型共三种：「词」、「短句」、「文章」，让学生以循序渐进的方式来练习，并习惯听打。

　　（3）以「词」为优先练习对象，可依学生熟悉系统的程度，选择练习字数，分别有 2、3、4、5 字以上的题库，每次的练习，系统均会记录本次或历次测验打错的字，学生可以针对错字来加强练习；初学者建议先以显示文稿方式练习，当成绩达到一定水准时，再尝试不显示文稿方式练习。

　　（4）当熟悉「词」类型的练习后，可进入「短句」练习，短句是由多个「词」组成的，所以在练习短句的同时，再一次复习「词」的练习。

　　（5）当熟悉「短句」类型的练习后，可进入「文章」练习，文章由多组「短句」组成，所以在练习「文章」的同时，再一次复习「短句」的练习，如此一来，更能让学生进入听打的练习状态。

　　（6）每天进入听打练习状态，闭上眼睛专心听着文稿的播放，手指可跟着做拆码。

　　（7）使用完全听打的方式，正式对该文稿做练习，刚开始练习听打能达到每分钟 10 个字以上的速度就算不错了，建议先让学生耐心地听打练习三至五次以上。

　　（8）每天花半个小时至一小时，练习同一篇文稿的听打，直到觉得打字速度可以跟上系统的播放速度，再换下一篇文稿做练习。

　　（9）第一阶段的训练已经有基础了，在学生对新的文稿练习时，可以依步骤（6）～（8）

进行反复练习。

　　　　刚开始学听打时，可将测验的时间设定为 3 ~ 5 分钟，当测验时间到时，可以马上看答案，检讨一下自己错误的地方，并针对错字多加练习，下次测验时，就会更进步哦！

3-1-2　中文听打训练的建议流程

中文听打训练的建议流程如图 3-1 所示。

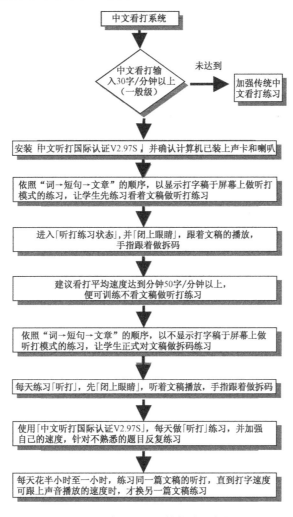

图 3-1　中文听打训练的建议流程

3-2 中文听打测验系统

3-2-1 软/硬件需求

（1）中文版 Microsoft Windows 98 第二版以上/Me 或 Windows 2000/XP Professional。

（2）Internet Explorer 4.0（含）以上。

（3）Windows Media Player 6.4（含）以上。

（4）个人计算机 Pentium Ⅱ以上。

（5）屏幕分辨率建议设定为 800×600×高彩（16bits），字型大小设定为 Small Fonts。

（6）鼠标及相关驱动程序。

（7）至少 10 MB 硬盘空间。

（8）声卡、喇叭或耳机。

3-2-2 安装方法

（1）软件安装前请先确认上述所有设备皆能在中文 Microsoft Windows 下正常使用。

（2）进入中文 Windows。

（3）请将本软件光盘片放入光驱。

（4）请执行「中文听打国际认证 V2.9*S.exe」。

（5）请依照画面指示安装。

（6）安装完毕后会在「开始/所有程序」下产生一个「Typing Credential」文件夹，内含「中文听打国际认证 V2.9*S」程序项目，同时也会在桌面产生快捷方式。

（7）每次使用时，只要在桌面「中文听打国际认证 V2.9*S」快捷方式图标上双击鼠标左键即可进入。

 系统安装完毕，用户可以自行用记事本打开 C:\Program Files\Typing Credential\中文听打国际认证 V2.9*S 下的 Key.ini 文件，重新定义标点符号的快捷键，可以大大提高录入速度。

3-2-3 操作流程说明

当用户依照上述步骤所示，完成本书所附练习软件的安装工作后，接下来便可以开始测试一下自己的实力了。

（1）请在 Windows 桌面上执行快捷方式「练习」，即可启动本书所附 Certiport 全球认证中心提供的中文听打考试软件。

（2）首先会看到如图 3-2 所示的「请输入个人信息」画面，等待用户输入个人信息，输入完毕，请单击「继续」按钮。

请如实填写考生信息，以免在证书申请等过程中给用户带来不必要的损失

「操作说明」提供了本系统的详细说明及考试注意事项等信息

图 3-2 输入个人信息

（3）设定相关测验模式，请依次输入，如图 3-3 所示。

先单击「音量测试」按钮，进行音量调整及男声、女声切换设置

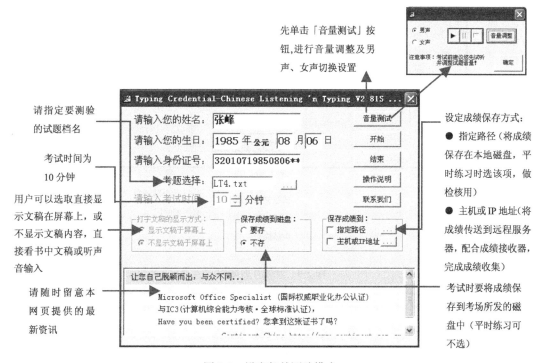

请指定要测验的试题档名

考试时间为10 分钟

用户可以选取直接显示文稿在屏幕上，或不显示文稿内容，直接看书中文稿或听声音输入

请随时留意本网页提供的最新资讯

设定成绩保存方式：
● 指定路径（将成绩保存在本地磁盘，平时练习时选该项，做检核用）
● 主机或 IP 地址（将成绩传送到远程服务器，配合成绩接收器，完成成绩收集）

考试时要将成绩保存到考场所发的磁盘中（平时练习可不选）

图 3-3 设定相关测验模式

121

1. 本软件默认由计算机随机出题，请参考本书所附文稿练习，或单击「寻找档案 ⎯⎯」按钮寻找练习档案。

2. 正式考试时，不提供「显示方式」选择功能，直接采取「不显示文稿于屏幕上」的方式。

3. 系统登录画面下方会不定期公布最新且重要的信息给用户，包含系统新版通知等，请记得随时联机上网查询！

（4）开启要使用的中文输入法，单击「开始」按钮，出现如图3-4所示的画面，便开始计时练习。

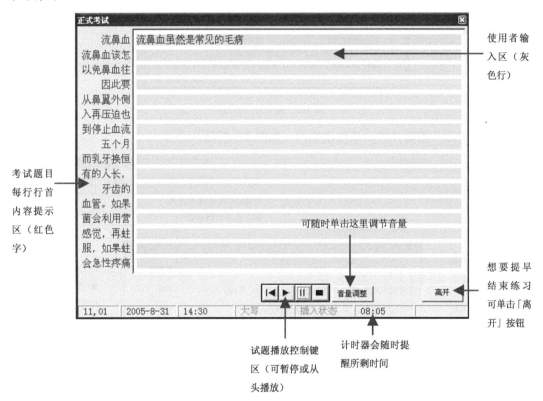

图3-4　开始计时练习

画面左方的试题可提示在换行处，每段开头需要空两格。在本书所附练习系统里，每一段声音档案设定为"反复播放方式"，也就是会重复播放光标所在段落的试题声音；但正式考试时，则为"连续播放方式"，所以无法重复上一段落的试题声音。

声音播放部分的控制键功能如图 3-5 所示。

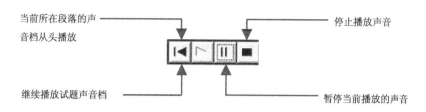

图 3-5　声音播放部分的控制键功能

（5）当用户设定的练习时间一到（或自行单击画面中的「离开」按钮），便开始自动进行评分工作，请稍等片刻，即可出现成绩单，如图 3-6 所示。具体评分标准请参考本书 PART 1 部分相关内容。

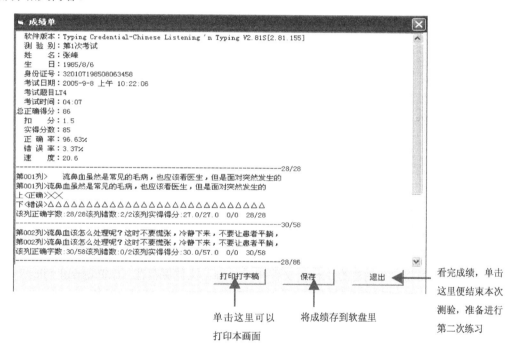

图 3-6　成绩单

（6）其他操作流程及按键与「中文看打系统」大致相同，请参考本书 PART 2 中 2-6 节相关内容。

（7）利用考试系统进行听打练习。此部分内容可参考本书 PART 2 中 2-6 节内容，但稍有不同。具体方法如图 3-7 所示。

123

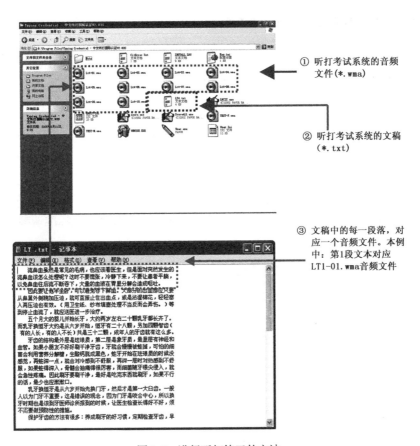

① 听打考试系统的音频
文件(*.wma)

② 听打考试系统的文稿
(*.txt)

③ 文稿中的每一段落，对
应一个音频文件。本例
中：第1段文本对应
LT1-01.wma音频文件

图 3-7　进行听打练习的方法

　　参照本书 PART 2 中 2-6 节相关内容，通过「记事本」建立「.txt」档案（每行 30 个字符，包括标点符号及空格）。与看打系统不同的是，此时需要自行录制文稿的音频文件。当一切准备工作完成，同时将自行创建的「.txt」文件和「.wma」文件保存在「C:\Program Files\Typing Credential 练习版\中文听打国际认证练习版 V2.97S」文件夹中，便可进行练习。学员也可以使用电子资料包中的文件练习。

3-2-4　考试注意事项

（1）考试画面中，每段首行均需输入两个全角空格。
（2）每行试题内容输入完毕，请自行按「Enter」键换行继续输入。
（3）考试画面中，每行左方红字部分为该行试题的前 5 字内容提示，仍需输入。
（4）声音播放过程中若听到"哔"声表示需换行输入。

2010年第五届极品飞手海峡两岸计算机录入大赛简介

主办单位：美国思递波（Certiport）公司（全球最大 IT 第三方认证机构）
中国铁道出版社
承办单位：微软（Microsoft）办公软件全球认证中心大中华区总管理处
北京师范大学
北京国铁天勤文化发展有限公司
北京计算机教育培训中心
中国广播电视协会培训中心
湖北省教育信息化发展中心
项目组别：
竞赛项目：中文看打/英文看打
竞赛组别：中学组/大学组/教师组友谊赛

2010 年 12 月 11 日第五届极品飞手海峡两岸赛大陆区决赛在北京市教育学院圆满结束。本届大赛首次来到首都北京，由微软办公软件全球认证中心和中国铁道出版社联合举办，并与北京国铁天勤文化发展有限公司、北京计算机教育培训中心、中国广播电视协会培训中心、湖北省教育信息化发展中心等多家国内知名 IT 教育机构以及出版社合作。志在全面配合全国各院校开展计算机基础核心职业能力改革，推动及普及广大学生、教师提高计算机录入能力，与国际接轨，打造信息化职业教育的坚实基础。丰富学生文化生活，寓教于乐，培养学生的职场竞争意识，提高职业竞争力。

此次活动微软办公软件全球认证中心——思递波（Certiport）希望通过搭建这样一个平台为国内计算机基础教育贡献力量，为企业输送更优秀人才，实现学校与企业的双赢。这也是思递波（Certiport）一直以来不懈努力的原则与宗旨。

本次大赛历经 3 个月遍及全国 18 个省、市、自治区以及上万名参赛选手的预赛，最终全国入围的近 200 名录入高手齐聚北京。

12 强成绩如下。

	大　学　组		中　学　组	
	中　文　看　打	英　文　看　打	中　文　看　打	英　文　看　打
冠军	北京人文大学 王晨晓 204.6 个/分钟	南京市财经学校 陆婷 101 个/分钟	武汉市东西湖职业技术学校 吴小强 186.4 个/分钟	南京市财经学校 顾赓生 85.66 个/分钟
亚军	北京人文大学 王荣惠 196.9 个/分钟	南京市财经学校 庆馨 91.84 个/分钟	武汉市东西湖职业技术学校 陈章平 166.5 个/分钟	南京市财经学校 李程 84.98 个/分钟
季军	北京人文大学 袁路佳 195.4 个/分钟	南京市财经学校 刘丽娟 83.14 个/分钟	南京市财经学校 李欣淼 165.5 个/分钟	南京市财经学校 吴慧中 84.48 个/分钟

历届大赛回顾

2010 年大赛颁奖典礼

中国台湾地区决赛优胜选手

2009 年大赛

2009 年大赛